建筑环境学实验

主 编 李峥嵘 李 翠 曹 彬 周 翔
主 审 朱颖心

同济大学出版社
·上海·

内 容 提 要

建筑环境学是建筑环境与能源应用工程专业的核心课程，内容涉及建筑室外环境、建筑室内热湿环境、人体对热湿环境的反应、室内空气品质、气流环境、声环境和光环境等，"建筑环境学实验"是该理论课程必需的实践环节。本书作为建筑环境学实验教学用书，其目的是加深学生对理论课程所涉及的基本原理的理解，帮助学生学习建筑室内外相关环境参数的基本测量方法，并使学生能结合学习、生活对所处环境进行评价分析，学以致用；同时，本书综合现场测试、实验室测试、问卷调查、计算机模拟多种方法，以丰富的实践内容，扩展学生知识层次，培养学生创新、实践能力。

全书主要内容包括：建筑室内环境描述与评价；建筑环境学实验概述与误差分析；室内热环境舒适性测试设计与案例；建筑光环境测试设计与案例；建筑声环境测试设计与案例；室内空气质量测试设计与案例；室内气流组织测试设计与案例；建筑围护结构热工性能测试设计与案例；建筑室外环境测试设计与案例。

本书所选案例集中体现了同济大学、清华大学两所高校长期专业建设取得的成效，以期为其他高校相关学科建设提供参考。

本书适合建筑环境与能源应用工程及相关专业本科生学习使用。

图书在版编目(CIP)数据

建筑环境学实验 / 李峥嵘等主编. —上海：同济大学出版社，2023.9
 ISBN 978-7-5765-0894-9

Ⅰ.①建… Ⅱ.①李… Ⅲ.①建筑工程—环境管理—实验—高等学校—教材 Ⅳ.①TU-023

中国国家版本馆 CIP 数据核字(2023)第 147202 号

建筑环境学实验

李峥嵘 李 翠 曹 彬 周 翔 主编

责任编辑 朱 勇　　**责任校对** 徐春莲　　**封面设计** 陈益平

出版发行	同济大学出版社　　www.tongjipress.com.cn	
	(地址：上海市四平路 1239 号　邮编：200092　电话：021-65985622)	
经　　销	全国各地新华书店	
排　　版	南京文脉图文设计制作有限公司	
印　　刷	江苏凤凰数码印务有限公司	
开　　本	787 mm×1092 mm　1/16	
印　　张	9.5	
字　　数	237 000	
版　　次	2023 年 9 月第 1 版	
印　　次	2023 年 9 月第 1 次印刷	
书　　号	ISBN 978-7-5765-0894-9	
定　　价	45.00 元	

本书若有印装质量问题，请向本社发行部调换　　版权所有　侵权必究

前　言

建筑环境与能源应用工程专业(简称建环专业),原专业名称是供热、供燃气、通风与空调工程,1998年经国家批准更名为建筑环境与设备工程,2012年再次更名为现有的建筑环境与能源应用工程。"建筑环境学"课程是1999年后建设的专业基础课,经过20多年的发展,在理论课教学、国家精品课程建设等方面积累了丰富的成果。

根据《教育部关于印发〈普通高等学校本科教育教学审核评估实施方案(2021—2025年)〉的通知》(教督〔2021〕1号)精神,大学教育质量应该紧扣本科教育改革主线,落实"以本为本""四个回归",强化学生中心、产出导向、持续改进。建环专业评估认证标准中对毕业要求的规定有12条,其中核心之一是强调学生能力的培养,可以理解为培养学生应用已经掌握的知识和工具、方法、技能,发现、分析和解决问题的能力。高校的人才培养目标中也多将创新实践能力、解决复杂问题能力等列入其中。可见,大学教育中如何提升学生能力是一个持续的、从未间断的目标。

目前,国内有近200所高校开设了建环专业,部分高校有配套实验内容,部分高校的实验内容还在建设中,然而国内没有一本可供参考的针对建筑环境学教学内容的实验指导书。基于此,编者在同济大学和清华大学实验实践基础上,根据课程教学目标、教学内容以及课程特点,结合该领域国际发展成果,对课程实验内容进行设计,期望通过实验内容的完成,提升学生的学习兴趣,加强其对课程知识点的理解,真正实现学以致用。

众所周知,建筑环境的营造目标是健康舒适与质量、效率保证,除了涉及生理、心理等医学和社会学知识外,还必须有热学、光学和声学理论与技术的支撑,并通过室外环境改善、建筑设计、暖通空调系统设计、室内气流组织设计等,才能营造满足要求的品质空间。因此,本书在成稿过程中,吸纳了国内外先进的标准、研究报告和教材中的最新发展成果,首先通过基本定义和术语的解释,为建环专业以及相关专业学生完成后续实验提供理论铺垫。后续实验内容设计中,对接理论教学内容,通过综合问卷、现场测试、计算机模拟等多种方法,对建筑室内热湿环境、光环境、声环境、空气品质、气流组织等进行测试与评价,同时对建筑围护结构热工性能、建筑室外环境对建筑能耗的影响进行实测验证。

本书作为专业实验课教材,是根据"建筑环境学"理论教学内容编制而成的,具有较强的针对性,能够更好地扩展学生对理论教学内容的理解;同时对本科生实践能力、创新能力及科研能力培养有很大的促进作用。设计的实验项目包括独立的实验项目,也包括综合的开放性实验项目,可供不同学校、专业与不同年级学生自主选择。

本书在成稿过程中,蔡伟、蔡健、王晓东、曹昌盛、赵美、冯锡文、冯彦博、刘雨欣、廉翔超、陶睿阳、王赫宇、邢文静、余旭芸、虞雯轩、俞伊赜、周慧文、宋彦呈、曹睿等同志给予了大力支持，在此表示衷心感谢。

  由于时间仓促，作者水平有限，书中若有疏漏及不足之处，期望老师和同学们能提出宝贵意见，以便在修订再版时进一步完善。

编者
2023 年 5 月

目 录

前 言

第1章 建筑室内环境描述与评价 …… 001
    1.1 建筑室内热环境 …… 001
    1.2 建筑室内光环境 …… 010
    1.3 建筑声环境评价体系 …… 016
    1.4 室内空气品质及污染物控制 …… 026
    1.5 室内气流组织评价体系 …… 029
    1.6 建筑外环境评价体系 …… 033

第2章 建筑环境学实验概述与误差分析 …… 037
    2.1 实验方法概述 …… 037
    2.2 实验误差分析及结果表征 …… 038
    2.3 建筑环境学实验概述 …… 045

第3章 室内热环境舒适性测试设计与案例 …… 050
    3.1 实验目的 …… 050
    3.2 实验测试内容 …… 050
    3.3 实验测试仪器 …… 050
    3.4 实验测试方法及注意事项 …… 051
    3.5 实验数据记录与处理 …… 054
    3.6 典型案例分析 …… 056
    3.7 其他案例简介 …… 063

第4章 建筑光环境测试设计与案例 …… 066
    4.1 实验目的 …… 066
    4.2 实验测试内容 …… 066
    4.3 实验测试仪器 …… 066
    4.4 实验测试方法及注意事项 …… 067

4.5　实验数据记录与处理 …………………………………………………… 069
　　4.6　典型案例分析 ………………………………………………………… 072
　　4.7　其他案例简介 ………………………………………………………… 077

第 5 章　建筑声环境测试设计与案例 …………………………………………… 078
　　5.1　实验目的 ……………………………………………………………… 078
　　5.2　实验测试内容 ………………………………………………………… 078
　　5.3　实验测试仪器 ………………………………………………………… 078
　　5.4　实验测试方法及注意事项 …………………………………………… 078
　　5.5　实验数据记录与处理 ………………………………………………… 079
　　5.6　典型案例分析 ………………………………………………………… 080

第 6 章　室内空气质量测试设计与案例 ………………………………………… 086
　　6.1　实验目的 ……………………………………………………………… 086
　　6.2　实验测试内容 ………………………………………………………… 086
　　6.3　实验测试仪器 ………………………………………………………… 086
　　6.4　实验测试方法及注意事项 …………………………………………… 087
　　6.5　实验数据记录与处理 ………………………………………………… 088
　　6.6　典型案例分析 ………………………………………………………… 090
　　6.7　其他案例简介 ………………………………………………………… 099

第 7 章　室内气流组织测试设计与案例 ………………………………………… 101
　　7.1　实验目的 ……………………………………………………………… 101
　　7.2　实验测试内容 ………………………………………………………… 101
　　7.3　实验测试仪器 ………………………………………………………… 101
　　7.4　实验测试方法及注意事项 …………………………………………… 102
　　7.5　实验数据记录与处理 ………………………………………………… 103
　　7.6　典型案例分析 ………………………………………………………… 104
　　7.7　其他案例简介 ………………………………………………………… 115

第 8 章　建筑围护结构热工性能测试设计与案例 ……………………………… 116
　　8.1　实验目的 ……………………………………………………………… 116
　　8.2　实验测试内容 ………………………………………………………… 116
　　8.3　实验测试仪器 ………………………………………………………… 116
　　8.4　实验测试方法及注意事项 …………………………………………… 117
　　8.5　实验数据记录与处理 ………………………………………………… 119
　　8.6　典型案例分析 ………………………………………………………… 121
　　8.7　其他案例简介 ………………………………………………………… 130

第 9 章 建筑室外环境测试设计与案例 …………………………………………… 131
  9.1 实验目的 ………………………………………………………………… 131
  9.2 实验测试内容 …………………………………………………………… 131
  9.3 实验测试仪器 …………………………………………………………… 131
  9.4 实验测试方法及注意事项 ……………………………………………… 132
  9.5 实验数据记录与处理 …………………………………………………… 133
  9.6 典型案例分析 …………………………………………………………… 134
  9.7 其他案例简介 …………………………………………………………… 142

参考文献 ………………………………………………………………………… 144

第1章 建筑室内环境描述与评价

建筑室内环境通常可以分为热环境、光环境、声环境、室内空气品质等。通过"建筑环境学"课程的学习,学生应了解掌握描述室内热环境、光环境、声环境及室内空气品质的主要参数,了解评价方法及指标体系,为本课程实验的设计与完成准备理论基础。

在暖通空调领域,一般简单认为空气由干空气与水蒸气组成,称空气为湿空气。本章为简单起见,除了特别说明,将湿空气简称为空气。

1.1 建筑室内热环境

1.1.1 建筑室内热环境物理参数

描述建筑室内热环境状态的参数主要包括空气温度、湿度、流速以及室内环境辐射温度等。本书涉及的参数主要如下。

1. 空气干球温度(dry bulb temperature)

指暴露于空气中而又不受太阳直接照射的干球温度计上的读数。

2. 空气平均温度(average air temperature)

指室内人员周围空气温度的平均值。空气平均温度包括空间平均和时间平均两个维度。即3~15 min内人体脚踝、腰部、头部高度处(坐姿为0.1 m、0.6 m、1.1 m高度处,站姿为0.1 m、1.1 m、1.7 m高度处)测得的干球温度平均值[1]。

3. 空气湿度(humidity)

一般指空气中的水蒸气含量。它可以用多个热动力学参数表示,包括水蒸气分压力、露点温度、湿球温度、含湿量、相对湿度等。

需要注意的是,上述参数中的任何一个都必须与干球温度结合使用,方可描述特定的空气湿度状态[1]。

1) 水蒸气分压力(vapor pressure)

空气中水蒸气的分压力是指湿空气中的水蒸气在单独占有湿空气的体积,并具有与湿空气相同温度时所具有的压力[2]。

2) 露点温度(dew-point temperature)

在给定的大气压下,空气中的水蒸气恰好凝结成液态水时的空气温度。

3) 热力学湿球温度(thermodynamic wet-bulb temperature)

定压绝热条件下,空气与水达到稳定热湿平衡时饱和空气的湿球温度。

4) 干湿球湿球温度(wet-bulb temperature)

采用干湿球温度计测出来的湿球温度。

5) 含湿量(humidity ratio)

对应 1 kg 干空气的湿空气所含有的水蒸气的量。

6) 相对湿度(relative humidity)

一定压力下,湿空气的水蒸气分压力与同温度下饱和湿空气的饱和水蒸气分压力之比。

4. 空气流速(air speed)

室内某一点空气流动的速度,不考虑空气流动方向。

5. 空气平均流速(average air speed)

空气平均流速与空气平均温度类似,即 1~3 min 内人体脚踝、腰部、头部高度测得的空气流速平均值。需要注意的是,超过 3 min 发生的变化应视为不同的空气流速[1]。

6. 黑球温度(black globe temperature)

黑色球体在环境中达热平衡时,球内中心处的空气干球温度。

7. 平均辐射温度(mean radiant temperature)

假想均质黑体表面的温度,人在该包围体中的辐射换热量与在实际非均匀空间中的辐射换热量相同。平均辐射温度对于整个人体是一个单一的数值,且同时包含长波平均辐射温度和短波平均辐射温度[1]。

8. 平面辐射温度(plane radiant temperature)

假想均质表面温度,在该包围体中,投射到某微元平面上的辐射热与实际环境的投射量相同。平面辐射温度是描述环境定向辐射能力的一个环境参数,其数值取决于人的方位[3]。

9. 不对称辐射温度(radiant temperature asymmetry)

某物体方向相反的两个面的平面辐射温度之差。垂直不对称辐射温度是指上、下两个方向的平面辐射温度之差,水平不对称温度是指所有水平方向最大的不对称辐射温度之差。辐射的不对称性一般考虑人体的腰部位置,分别在坐姿的 0.6 m 高度处或者站姿的 1.1 m 高度处。

1.1.2 建筑室内热环境评价指标

评价建筑室内热舒适环境是否可以接受的指标有很多,这里主要介绍本课程涉及较多的部分指标,如预计平均热感觉指数(predicted mean vote,PMV)、预计不满意率(predicted percentage of dissatisfied,PPD)等,极限条件下常用热应力指数(heat stress index,SHI)分析人的应激反应。

1. 预计平均热感觉指数(PMV)

PMV 是工程应用与研究中最常使用的指标,以人体热平衡方程为基础,《热环境的人类工效学 通过计算 PMV 和 PPD 指数与局部热舒适准则对热舒适进行分析测定与解释》GB/T 18049 中使用 7 个等级对环境冷热程度进行评价,见表 1-1。PMV 的计算方法见式(1-1)—式(1-4)。

表 1-1 热感觉 7 级度量表

PMV 值	热感觉	PMV 值	热感觉
+3	热	-1	稍凉
+2	暖	-2	凉
+1	稍暖	-3	冷
0	适中		

$$\text{PMV} = (0.303 e^{-0.036M} + 0.028) \left\{ \begin{array}{l} (M-W) - 3.05 \times 10^{-3} \times [5\,733 - 6.99(M-W) - P_a] - \\ 0.42 \times [(M-W) - 58.15] - 1.7 \times 10^{-5} M(5\,867 - P_a) - \\ 0.001\,4M(34 - t_a) - 3.96 \times 10^{-8} f_{cl} \times \\ [(t_{cl} + 273)^4 - (\bar{t}_r + 273)^4] - f_{cl} h_c (t_{cl} - t_a) \end{array} \right\} \tag{1-1}$$

$$t_{cl} = 35.7 - 0.028(M-W) - I_{cl} \{ 3.96 \times 10^{-8} f_{cl} \times [(t_{cl}+273)^4 - (\bar{t}_r + 273)^4] + f_{cl} h_c (t_{cl} - t_a) \} \tag{1-2}$$

$$h_c = \begin{cases} 2.38 |t_{cl} - t_a|^{0.25} & \text{当 } 2.38|t_{cl}-t_a|^{0.25} > 12.1\sqrt{v_{ar}} \\ 12.1\sqrt{v_{ar}} & \text{当 } 2.38|t_{cl}-t_a|^{0.25} < 12.1\sqrt{v_{ar}} \end{cases} \tag{1-3}$$

$$f_{cl} = \begin{cases} 1.00 + 1.290 I_{cl} & \text{当 } I_{cl} \leqslant 0.078 \text{ m}^2 \cdot \text{K/W} \\ 1.05 + 0.645 I_{cl} & \text{当 } I_{cl} > 0.078 \text{ m}^2 \cdot \text{K/W} \end{cases} \tag{1-4}$$

式中,PMV——预计平均热感觉指数;

M——代谢率(W/m²);

W——有效机械功率(W/m²);

I_{cl}——服装热阻(m²·K/W);

f_{cl}——服装表面积系数;

t_a——空气温度(℃);

$\bar{t}_r$ ——平均辐射温度(℃);

v_{ar} ——相对风速(m/s);

P_a ——水蒸气分压(Pa);

h_c ——对流换热系统[W/(m²·K)];

t_{cl} ——服装表面温度(℃)。

2. 预计不满意率(PPD)

PPD 指标根据 PMV 的计算结果，定量地预测了室内热不舒适人员的比例。《热环境的人类工效学 通过计算 PMV 和 PPD 指数与局部热舒适准则对热舒适进行分析测定与解释》GB/T 18049 认为在 7 级热感觉量表中选择热、暖、凉或冷的人属于热不舒适的人，可以用式(1-5)计算 PPD 值。

$$PPD = 100 - 95 \times \exp(-0.033\,53 \times PMV^4 - 0.217\,9 \times PMV^2) \quad (1-5)$$

式中，PMV——预计平均热感觉指数；

PPD——预计不满意率(%)。

在《热环境的人类工效学 通过计算 PMV 和 PPD 指数与局部热舒适准则对热舒适进行分析测定与解释》GB/T 18049 中就采用 PMV-PPD 指标来描述和评价热环境，图 1-1 是 PMV 和 PPD 之间的关系曲线。

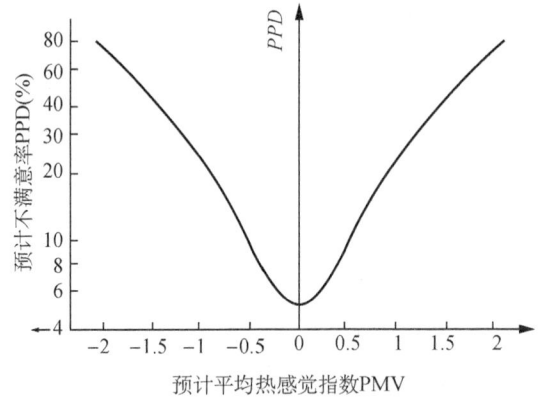

图 1-1 PMV 与 PPD 的函数关系

3. 空气垂直温差

人体头部和脚踝之间的空气垂直温差较大时可导致热不舒适，引起室内人员的不满意率 (PD) 的增加，如图 1-2 所示，其中 PD 根据式 (1-6) 计算。由于该计算式是通过原始数据利用逻辑回归分析得到的，因此仅适用于垂直温差 $\Delta t_{a,v} < 8℃$ 的情形，图 1-2 也仅仅适用于头部温

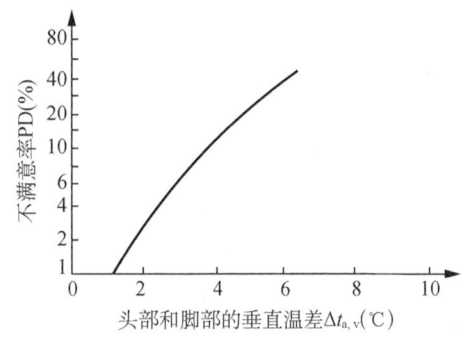

图 1-2 垂直温差与不满意率的关系

度比脚踝温度高的情形。

$$PD = \frac{100}{1 + \exp(5.76 - 0.856 \times \Delta t_{a,v})} \tag{1-6}$$

式中,PD——不满意率(%);

$\Delta t_{a,v}$——头部和脚部的垂直温差(℃)。

4. 辐射的不对称性

人体在室内的舒适感觉与室内环境辐射特性是否均匀、是否对称也直接相关。由辐射不对称性(Δt_{pr})造成的人体不满意率变化可以由图1-3呈现。其中,冷暖屋顶与冷暖墙面不对称辐射引起的不满意率(PD)可以由计算式(1-7)—式(1-10)计算得到。

冷屋顶:$PD = \dfrac{100}{1 + \exp(9.93 - 0.50 \times \Delta t_{pr})}$,当 $\Delta t_{pr} < 15℃$ \hfill (1-7)

暖屋顶:$PD = \dfrac{100}{1 + \exp(2.84 - 0.174 \times \Delta t_{pr})} - 5.5$,当 $\Delta t_{pr} < 23°$ \hfill (1-8)

冷墙面:$PD = \dfrac{100}{1 + \exp(6.61 - 0.345 \times \Delta t_{pr})}$,当 $\Delta t_{pr} < 15℃$ \hfill (1-9)

暖墙面:$PD = \dfrac{100}{1 + \exp(3.72 - 0.052 \times \Delta t_{pr})} - 3.5$,当 $\Delta t_{pr} < 35℃$ \hfill (1-10)

式中,PD——不满意率(%);

Δt_{pr}——不对称辐射温度(℃)。

式(1-7)—式(1-10)是根据原始数据并利用逻辑回归分析的方法确定的,仅适用于标注的温度范围内。

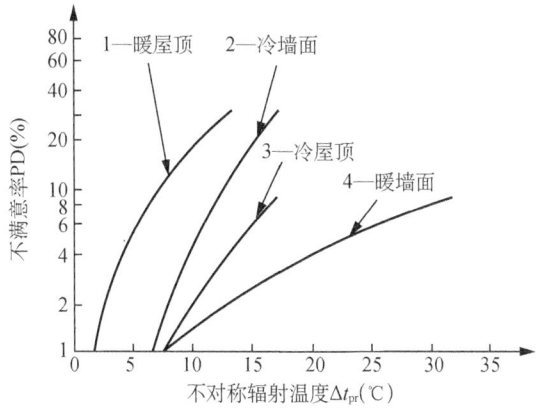

图1-3 不对称辐射温度与人体不满意率的关系

5. 作用温度或操作温度

在均质黑体空间内,人体与该黑体发生的显热换热量与人体所处真实环境相同。人体与环境之间发生的显热换热量由对流换热和辐射换热构成,因此该温度可以用式(1-11)进行计算。

$$T_o = \frac{h_r T_{mrt} + h_c T_a}{h_r + h_c} \tag{1-11}$$

式中,T_o——作用温度(℃);

h_r——辐射换热系数[W/(m²·℃)];

h_c——对流换热系数[W/(m²·℃)];

T_{mrt}——平均辐射温度(℃);

T_a——环境空气温度(℃)。

6. 湿度作用温度[3]

在均质黑体空间内,空气相对湿度为100%,人体通过辐射、对流以及蒸发所失去的热量与真实环境相同。显然,该参数综合考虑了环境与人体之间的显热和潜热热交换,具体的计算公式见式(1-12)。

$$T_{oh} = T_o + wi_m LR(P_a - P_{oh,s}) \tag{1-12}$$

式中,T_{oh}——湿度作用温度(℃);

w——皮肤湿润度;

i_m——服装的透湿指数;

LR——Lewis 常量(0.016 5 ℃/Pa);

P_a——环境空气的水蒸气分压(Pa);

$P_{oh,s}$——湿度作用温度下饱和水蒸气压(Pa)。

7. 有效温度(ET,ET*)和标准有效温度(SET*)[3]

有效温度 ET 是最常见的环境指标之一,应用范围广。它将温度和湿度结合成一个单一的指数。因此,两个具有相同 ET 的环境,即使它们具有不同的温度和湿度,只要它们具有相同的风速,也应该引起相同的热响应。

最初的有效温度是由 Houghten 和 Yaglou(1923)提出的。Gagge 等人定义了新的有效温度 ET*:在相对湿度为 50%的环境中,皮肤产生的总热损失 E_{sk} 与实际环境相同。其计算公式见式(1-13)。

$$ET^* = T_o + wi_m LR(P_a - 0.5 P_{ET^*,s}) \tag{1-13}$$

式中,ET*——新有效温度(℃);

$P_{ET^*,s}$——ET* 下饱和水蒸气压(kPa)。

由于该指标是根据工作温度来定义的,因此它将平均辐射温度、空气温度和水蒸气分压影响组合成一个指标。皮肤湿润度 w 和服装的透湿指数 i_m 必须被指定,并且对于特定情况给定 ET* 是恒定的。双节点模型被用于确定蒸发调节区的皮肤湿润度。在规定的上限,w 接近 1.0;在规定的下限,w 接近 0.06。当身体处于蒸发调节区外时,皮肤湿润度等于这两个值之一。

因为 ET* 取决于衣着和活动,所以不可能生成一个通用的 ET* 图表,但可以使用代表典型室内应用的标准条件集来定义标准有效温度(SET*):人体在相对湿度为 50% 的等温环境中,着装对应其活动水平的标准服装,与实际环境中具有相同的热应力(皮肤温度 t_{sk})和温度调节应变(皮肤湿润度 w),该环境温度即为标准有效温度。标准有效温度对应的热感觉、热舒适和人坐着的生理反应如表 1-2 所示。

表 1-2 标准有效温度对应的热感觉和生理反应

标准有效温度(℃)	热感觉及热舒适	人坐着的生理反应
>37.5	很热,很不舒适	体温调节失效
34.5~37.5	热,很不满意	大量出汗
30.0~34.5	热,不舒适,不满意	出汗
25.6~30.0	稍热,稍不满意	轻度出汗,血管舒张
22.2~25.6	舒适,可接受	热中性
17.5~22.2	稍冷,稍不满意	血管收缩
14.5~17.5	冷,不满意	体温缓慢下降
10.0~14.5	很冷,很不满意	寒战

注:该表的状态在 1 met 的情况下是适用的。

8. 热应力指数(HSI)[3]

热应力指数(HSI)最初由 Belding 和 Hatch(1955)提出,是指在稳态条件下皮肤温度 t_{sk} 保持 35℃ 不变时,保持热平衡所需的总蒸发热损失 E_{req} 与环境可能的最大蒸发热损失 E_{max} 的百分比,见式(1-14)。当热应力指数 HSI>100 时,身体会储热;当 HSI<0 时,身体会失热。Belding 和 Hatch(1955)将 E_{max} 限制在 700 W/m² 以内,这相当于 280 mg/(s·m²) 的出汗率。表 1-3 描述了 HSI 值与相关生理因素的关系。

$$\mathrm{HSI} = \frac{E_{req}}{E_{max}} \times 100\% \tag{1-14}$$

式中,HSI——热应力指数(%);

E_{req}——人体维持热平衡所需的实际蒸发热损失(W/m²);

E_{max}——最大蒸发热损失(W/m²)。

表 1-3 热应力指数的生理含义

热应力指数	在不同热应力环境中暴露 8 h 后人体生理反应
0	无热应激

(续表)

热应力指数	在不同热应力环境中暴露8 h后人体生理反应
10～30	轻微至中度热应激。这种环境会对需要具备灵敏性、警觉性或者较高水平脑力劳动的工作产生微小的甚至较大影响。而对重体力劳动几乎没有影响,除非在无热应力条件下工作能力已达极限
40～60	危及健康的严重热应激(除非工作人员体魄强健)。第一次在这样热应力条件下工作需要一段适应期,工作效率会有所下降。那些患有心血管疾病、呼吸系统障碍或慢性皮肤病的人无法在此种环境下工作,因而需要提前进行医疗诊断以筛除。这种工作环境同样不适合持续进行脑力劳动
70～90	非常严重的热应激。极少数人群适合在该热应力条件下工作。在这样的条件下工作的人必须经过医疗诊断和尝试性的工作阶段。在工作过程中,必须采取有效措施,保持人体水分及盐分的摄入。此外,还必须采取一切可行的措施改善工作环境,并设法提高工作效率以降低对健康危害的程度。工作人员在其他环境下不足以影响工作效率的任何轻微不适都会使工作人员无法适应该环境下的工作
100	极度热应激。只有那些体魄强健并具备较强适应能力的年轻人才能承受这样的热应力

9. 风冷指数(wind chill index, WCI)[3]

风冷指数是一种经验指数,是根据在南极洲部分装满水的圆柱形烧瓶上获得的冷却测量数据发展而来的(Simple and Passel 1945)。该指数描述了在表面温度为33℃的情况下,以圆柱体的辐射和对流散热率作为环境温度和风速的函数,如式(1-15)所示。

$$\text{WCI} = 1.162 \times (10.45 + 10\sqrt{V} - V)(33 - T_a) \tag{1-15}$$

式中,WCI——风冷指数(W/m^2);

V——风速(m/s);

T_a——空气温度(℃);

33——33℃的表面温度作为舒适环境中休息人体的平均皮肤温度。

气象学家通常使用一个从WCI派生出来的指数来表示寒冷环境的严重程度,称为等效风冷温度($t_{eq,wc}$)。$t_{eq,wc}$是在无风情况下(这里定义为风速等于6.4 km/h)产生与实际空气温度和风速组合相同的WCI,如式(1-16)所示。对于风速小于6.4 km/h(1.8 m/s)的情况,式(1-16)不适用,此时风冷温度等于空气温度。

$$t_{eq,wc} = -0.052\,8 \times (\text{WCI}) + 33 \tag{1-16}$$

式(1-16)并不意味着冷却到低于环境温度,但由于风的作用,冷却速率增加,就像发生在较低的等效风冷温度下一样。风加速了热量流失的速度,使皮肤表面更快地向环境温度冷却。表1-4显示了一个典型的风冷图表,并以等效风冷温度表示。

表 1-4 寒冷环境的等效风冷温度

风速 (km/h)	实际温度计读数(℃)											
	10	5	0	−5	−10	−15	−20	−25	−30	−35	−40	−45	−50
	等效风冷温度											
无风	10	5	0	−5	−10	−15	−20	−25	−30	−35	−40	−45	−50
10	8	2	−3	−9	−14	−20	−25	−31	−37	−42	−48	−53	−59
20	3	−3	−10	−16	−23	−29	−35	−42	−48	−55	−61	−68	−74
30	1	−6	−13	−20	−27	−34	−42	−49	−56	−63	−70	−77	−84
40	−1	−8	−16	−23	−31	−38	−46	−53	−60	−68	−75	−83	−90
50	−2	−10	−18	−25	−33	−41	−48	−56	−64	−71	−79	−87	−94
60	−3	−11	−19	−27	−35	−42	−50	−58	−66	−74	−82	−90	−97
70	−4	−12	−20	−28	−35	−43	−51	−59	−67	−75	−83	−91	−99

危害小:5 h 以内,皮肤干燥。最大的危险来自虚假的安全感（WCI＜1 400）	增加危险:1 min 内有冻伤的危险（1 400≤WCI≤2 000）	极大危险:肉体可能会在 30 s 内冻结（WCI＞2 000）

综上,目前已有较多国内外标准及教材介绍或者规范了建筑热环境舒适度的评价方法,从数据的来源分类,总体上可以分为主观调查结果评价和客观物理参数测量评价两种。表 1-5 归纳了部分文献中提出的评价指标和方法,其中部分指标已经在本章节进行了介绍,其他未介绍内容请参考相应的文献。

表 1-5 建筑热环境舒适度评价

评价指标与方法	来源	年份
预计平均热感觉指数(PMV)、预计不满意率(PPD);局部热不适(吹风感、垂直空气温差、冷热地板、辐射的不对称性)	《热环境的人类工效学 通过计算 PMV 和 PPD 指数与局部热舒适准则对热舒适进行分析测定与解释》GB/T 18049,《热环境的人类工效学》ISO 7730	2017,2005
有效温度(ET)、热应力指数(HSI)、预计平均热感觉指数(PMV)、心理适应性模型	柳孝图,《建筑物理》,中国建筑工业出版社[4]	2010
预计平均热感觉指标(PMV)、预计不满意率(PPD);冷吹风感引起的局部不满意率(LPD1)、垂直空气温度差引起的局部不满意率(LPD_2)和地板表面温度引起的局部不满意率(LPD_3)	《民用建筑室内热湿环境评价标准》GB/T 50785	2012
知觉、评价和优先判断量表;个人可接受性声明和容忍度量表	ISO 10551 Ergonomics of the physical environment- Subjective judgement scales for assessing physical environments	2019

(续表)

评价指标与方法	来源	年份
基于调查结果的评估:用户热满意度调查、热环境时间-点调查(包含热感觉7级度量表);基于热环境物理测量的评估:平均热感觉投票(PMV)、标准有效温度(SET)、辐射温度不对称性、脚踝处空气流速、垂直空气温差	ANSI/ASHRAE Standard 55 Thermal Environmental Conditions for Human Occupancy	2020
热感觉7级度量表;有效温度(ET)、潮湿工作温度(t_{oh})、热应力指数(HSI)、皮肤湿润指数、湿球黑球温度(WBGT)、湿球温度(WBT)、风冷指数(WCI)	2021 ASHRAE Handbook-Fundamentals	2021

1.2 建筑室内光环境

1.2.1 建筑室内光环境物理参数

根据"建筑环境学"课程的基本要求,涉及的基本物理参数主要如下。

1. 光通量(luminous flux)[5]

单位时间内光源表面上的微小面积 d_S 向所有方向辐射的能量称为该微小面积的辐射功率或辐射强度,相应的辐射量中被人眼感觉为光的那部分能量称为光通量,其单位为流明(lm)。

2. 发光强度(luminous intensity)[5]

光源在给定方向的立体角元 AQ 内传输的光通量与该立体角之比,单位为坎德拉(cd)。

3. 亮度(luminance)[5]

单位投影面积上的发光强度,单位为 cd/m^2,视觉能够忍受的亮度上限约为 106 cd/m^2。

4. 色温(colour temperature)[5]

当某一种光源的色品与某一温度下的黑体的色品完全相同时黑体的温度,单位为开(K)。

5. 照度(illuminance)[5]

被照面上的光通量密度,单位为勒克斯(lx)。

6. 显色指数(colour rendering index)

通过被测光源下物体颜色和参考照明体下物体颜色的相符合程度来表示,最大值为100。

7. 一般显色指数(general colour rendering index)

国际照明委员会(CIE)规定的第1号～第8号标准颜色样品在被测光源下显色指数的平均值。通常认为,一般显色指数在100～80时,显色性优良;在79～50时,显色性一般;小于50时,显色性较差。

8. 照明功率密度(lighting power density)

照明在单位面积上实际消耗的功率(包括光源、变压器、镇流器等),单位为瓦特每平方米(W/m^2)。

1.2.2 建筑光环境评价指标

建筑光环境的评价主要考虑视觉舒适性与工效问题,国内外标准中采纳的评价指标如下。

1. 照度均匀度(uniformity ratio of illuminance)

规定表面上的最小照度与最大照度(符号为U_1)或最小照度与平均照度(符号为U_2)比值。《建筑照明设计标准》GB 50034给出了不同场所或房间的一般照明照度均匀度不应低于表1-6中的规定。

表1-6 照度均匀度标准值

房间或场所	照度均匀度	房间或场所	照度均匀度
一般阅览室、开放式阅览室	0.6	多媒体教室	0.6
普通办公室	0.6	计算机教室、电子阅览室	0.6
会议室	0.6	楼梯间	0.4
教室	0.6	学生宿舍	0.4

2. 采光系数(daylight factor)

采光系数是指全阴天条件下,室内给定平面上某一点的照度与相同时间和地点的室外无遮挡水平面上照度之比。采光系数主要用于评价建筑自然采光的效果。不同采光等级场所对应于不同采光系数限值。《建筑采光设计标准》GB 50033给出了不同场所采光对应的采光等级,如表1-7所示。

表 1-7　各采光等级参考平面上的采光标准值

采光等级	侧面采光	顶部采光
Ⅰ	5%	5%
Ⅱ	4%	3%
Ⅲ	3%	2%
Ⅳ	2%	1%
Ⅴ	1%	0.5%

3. 采光均匀度(uniformity ratio of daylighting)

参考平面上的采光系数最低值与采光系数平均值之比。

4. 光环境指数(rating of luminous environment)

反映光环境质量,综合考虑了光环境对人的视觉功效与舒适等因素的影响,采用实测和主观评价等方式确定的指数。评价指标包括光环境照度、眩光、色温、显色性、天然光利用及视野、光的方向性、亮度分布、闪烁、空间及灯具形式、室内空间色彩、视觉艺术效果、照明控制界面等。《光环境评价方法》GB/T 12454 给出了光环境指数与光环境质量等级对应关系,如表 1-8 所示。

表 1-8　光环境指数与光环境质量等级对应关系

光环境指数 S	50≤S≤70	70<S≤90	90<S≤100
光环境质量等级	一星级	二星级	三星级

5. 窗的不舒适眩光指数(daylight glare index, DGI)

透过窗户的太阳光是自然采光的一个重要来源,也是引起人眼不舒适的一个潜在来源。目前常用 DGI 来评价自然光引起的人眼不舒适感主观反应的心理参量。《建筑采光设计标准》GB 50033 给出了具体的计算公式[式(1-17)—式(1-20)]以及 DGI 指数限值(表 1-9)。

$$\mathrm{DGI} = 10\lg \sum G_n \tag{1-17}$$

$$G_n = 0.478 \frac{L_s^{1.6} \Omega^{0.8}}{L_b + 0.07\omega^{0.5} L_s} \tag{1-18}$$

$$\Omega = \int \frac{\mathrm{d}\omega}{p^2} \tag{1-19}$$

$$p = \exp\left[(35.2 - 0.318\,89\alpha - 1.22\mathrm{e}^{-\frac{2\alpha}{9}}) \times 10^{-3}\beta + (21 + 0.266\,67\alpha - 0.002\,963\alpha^2) \times 10^{-5}\beta^2\right] \tag{1-20}$$

式中，G_n——眩光常数；

L_s——窗亮度，通过窗所看到的天空、遮挡物和地面的加权平均亮度(cd/m^2)；

L_b——背景亮度，观察者视野内各表面的平均亮度(cd/m^2)；

ω——窗对计算点形成的立体角(sr)；

Ω——考虑窗位置修正的立体角(sr)；

p——古斯位置指数；

α——窗对角线与窗垂直方向的夹角；

β——观察者眼睛与窗中心点的连线与视线方向的夹角。

表 1-9 *DGI* 指数限值

采光等级	眩光感觉程度	*DGI*
Ⅰ	无感觉	20
Ⅱ	有轻微感觉	23
Ⅲ	可接受	25
Ⅳ	不舒适	27
Ⅴ	能忍受	28

6. 统一眩光值(unified glare rating, UGR)

统一眩光值(UGR)是用来度量处于室内视觉环境中，照明装置发出的光引起人眼不舒适感主观反应的心理参量，具体计算方法如下。

当灯具发光部分面积为 $0.005\ m^2 < S < 1.5\ m^2$ 时，采用式(1-21)计算。

$$UGR = 8\lg \frac{0.25}{L_b} \sum \frac{L_\alpha^2 \times \omega}{P^2} \tag{1-21}$$

式中，L_b——背景亮度(cd/m^2)；

ω——每个灯具发光部分对观察者眼睛所形成的立体角；

L_α——灯具在观察者眼睛方向的亮度；

P——每个单独灯具的位置指数。

对于发光面积小于 $0.005\ m^2$ 的筒灯等光源，采用式(1-22)计算。

$$UGR = 8\lg \frac{0.25}{L_b} \sum \frac{200 I_\alpha^2}{r^2 \cdot P^2} \tag{1-22}$$

$$L_b = \frac{E_i}{\pi} \tag{1-23}$$

$$I_\alpha = \frac{I_\alpha}{A \cdot \cos \alpha} \tag{1-24}$$

$$\omega = \frac{A_p}{r^2} \tag{1-25}$$

式中，L_b——背景亮度(cd/m^2)；

I_α——灯具发光中心与观察者眼睛连线方向的灯具发光强度(cd)；

P——每个单独灯具的位置指数；

E_i——观察者眼睛方向的间接照度(lx)；

$A \cdot \cos\alpha$——灯具在观察者眼睛方向的投影面积(m^2)；

α——灯具表面法线与其中心和观察者眼睛连线所夹的角度(°)；

A_p——灯具发光部分在观察者眼睛方向的表观面积(m^2)；

r——灯具发光部分中心到观察者眼睛之间的距离(m)。

大多数照明系统的 UGR 值为 10～30，值越高，眩光不舒适性越强。当 UGR<10 时，认为照明系统不会引起不舒适[16]。

《建筑照明设计标准》GB 50034 给出了不同场所或房间的 UGR 最大允许值不宜超过表 1-10 中的规定。

表 1-10 UGR 标准值

房间或场所	照度均匀度	房间或场所	照度均匀度
一般阅览室、开放式阅览室	19	多媒体教室	19
普通办公室	19	计算机教室、电子阅览室	19
会议室	19	楼梯间	22
教室	19	学生宿舍	22

7. 眩光值(glare rendering, GR)

眩光值(GR)是用来度量处于体育场馆和其他室外场地，照明装置引起人眼不舒适感主观反应的心理参量，具体计算方法如下：

$$GR = 27 + 24\lg\left(\frac{L_{vl}}{L_{ve}^{0.9}}\right) \tag{1-26}$$

$$L_{vl} = 10\sum_{i=1}^{n}\frac{E_{eyei}}{\theta_i^2} \tag{1-27}$$

$$L_{ve} = 0.035 L_{av} \tag{1-28}$$

$$L_{av} = E_{horav} \cdot \frac{\rho}{\pi\Omega_0} \tag{1-29}$$

式中，L_{vl}——由灯具发出的光直接射向眼睛所产生的光幕亮度(cd/m^2)；

L_{ve}——由环境引起直接入射到眼睛的光所产生的光幕亮度(cd/m^2)；

E_{eyei}——观察者眼睛上的照度，该照度是在视线的垂直面上，由第 i 个光源所产生的照度(lx)；

θ_i——观察者视线与第 i 个光源入射在眼上方所形成的角度(°)；

L_{av}——可看到的水平照射场地的平均亮度(cd/m^2)；

E_horav——照射场地的平均水平照度(lx);

ρ——漫反射时区域的反射比;

Ω_0——1个单位立体角(sr)。

《体育场馆照明设计及检测标准》JGJ 153 给出了体育场馆的 GR 最大允许值不宜超过表 1-11 中的规定。

表 1-11 GR 标准值[11]

运动项目	有无电视转播	GR
篮球、排球、手球、室内足球、体操、艺术体操、技巧、蹦床、举重、速度滑冰、羽毛球、乒乓球、柔道、摔跤、跆拳道、武术、冰球、花样滑冰、冰上舞蹈、短道速滑、拳击、网球(室内)、场地自行车(室内)	无	训练:35 比赛:30
网球(室外)、场地自行车(室外)、足球、田径、曲棍球、棒球、垒球	无	训练:55 比赛:50
篮球、排球、手球、室内足球、体操、艺术体操、技巧、蹦床、举重、速度滑冰、羽毛球、乒乓球、柔道、摔跤、跆拳道、武术、冰球、花样滑冰、冰上舞蹈、短道速滑、拳击、网球(室内)、场地自行车(室内)	有	30
网球(室外)、场地自行车(室外)、足球、田径、曲棍球、棒球、垒球	有	50

表 1-12 和表 1-13 对现有相关光源和光环境的评价标准与参数指标进行了整理,供参考。

表 1-12 关于光源的评价标准及具体参数

显色指数、色域指数、彩度指数的测量与计算	《光源显色性评价方法》GB/T 5702
亮度、色温、显色指数、照明功率密度的测量与计算	《照明测量方法》GB/T 5700
亮度的测量与计算	《采光测量方法》GB/T 5699
显色指数限值	《建筑照明设计标准》GB 50034
显色指数、灯具平均亮度限值	《室内工作场所的照明》GB/T 26189

表 1-13 关于光环境评价标准及具体参数

照度、照度均匀度的测量与计算	《照明测量方法》GB/T 5700
采光系数的测量与计算	《采光测量方法》GB/T 5699
光环境指数	《光环境评价方法》GB/T 12454
涉及采光照度值、采光系数、是否设置眩光控制设施	《绿色建筑评价标准》GB/T 50378
采光系数、DGI 限值	《建筑采光设计标准》GB 50033
照度、照度均匀度、UGR 限值、GR 限值	《建筑照明设计标准》GB 50034
照度、UGR 限值	《室内工作场所的照明》GB/T 26189

1.3 建筑声环境评价体系

1.3.1 建筑声环境物理参数

声音来自振动的物体,是通过介质沿着一条或多条路径传播并能被听觉器官感知的波动现象。声音主要包含两方面的含义:从物理学角度看,声音是一种压力的波动,是客观声音;从生理学角度看,声音是物理波动现象引起的听觉感觉,是主观声音。建筑声环境一般由多种复杂声音构成,且频率特征也不尽相同。因此,建筑声环境的测量主要集中在室内声环境问题和振动与噪声的控制问题。建筑声环境相关的物理参数一般可以分为特性参数和度量参数两类[7]。

1. 声音特性参数

1) 频率

声源的振动具有周期性,其振动一次所用的时间间隔的倒数称为频率,表示单位时间内的振动次数,其值能反映声音的音调高低[8]。声源在空气中的传播速度通常取 340 m/s,可将频率、波长和声速之间的关系表示为[4]

$$波长 = 声速/频率 \tag{1-30}$$

2) 频谱

频谱反映了声音频率与能量的关系。频谱图通常以频率为横坐标、声压级为纵坐标的曲线表示。后文提到的 NR、NC、RC 噪声曲线都是基于这一概念形成的评价指标。

2. 声音度量参数

1) 声功率

声功率是声源在单位时间内向外辐射的声音能量,记作 W,单位为瓦(W)。在建筑声学中,一般将声源辐射的声功率看作声源本身的一种特性,认为其不随环境条件改变[8]。

2) 声压[7]

声压常用于描述声波,是大气压受到声波扰动后产生的变化,可以理解为大气压强的余压,单位为帕(Pa)。任意位置随时间不断改变的声压为瞬时声压,某时间段内瞬时声压的均方根值为有效声压。有效声压是声压最通常的表示方法,一般用 p 表示,当声波为简谐振动时,有效声压可采用瞬时声压的最大值计算。声压的测量比较容易实现,可以通过测量该物理量间接求得质点速度等其他物理量。

$$p = \frac{p_{\max}}{\sqrt{2}} \tag{1-31}$$

3) 声强

声强是衡量声波传递过程中声音强弱的物理量,是在声波传播过程中,每单位面积波阵面上通过的声功率,记为 I,单位是瓦每平方米(W/m^2)。在远离反射或吸收的界面时,某点的声强与该点声压的平方成正比,因此通过测量这种自由声场中的声压和与声源的距离,即可算出该点的声强及声源的声功率,见式(1-32)[4]。

$$I = \frac{p^2}{\rho_0 c} \tag{1-32}$$

式中,p——有效声压(N/m);

ρ_0——空气密度(kg/m^3);

c——空气中的声速(m/s)。

4)声级

在描述生活中出现的声音时,直接使用声功率和声压会相差很大的数量级,而人耳对声音强度的感觉与强度的对数值接近于正比关系,因此使用对数标度来评价声音,并将量度物理量与基准量的比值求对数作为该物理量的"级"[8],其单位人为地定为贝尔(Bel)。由于上述对数比率得到的数值都很小,因而更为常用的量是贝尔的1/10,称为分贝(dB)[4]。

声强级的表示式如式(1-33)所示。

$$L_I = 10\lg \frac{I}{I_0} \tag{1-33}$$

式中,L_I——声强级(dB);

I——所研究的声音的强度(W/m^2);

I_0——基准声强,其值为 10^{-12} W/m^2。

声压级的表示式如式(1-34)所示。

$$L_p = 20\lg \frac{p}{p_0} \tag{1-34}$$

式中,L_p——声压级(dB);

p——所研究的声音的声压(N/m^2);

p_0——基准声压,其值为 $2 \times 10^{-5} N/m^2$。

声功率级的表示式如式(1-35)所示。

$$L_W = 10\lg \frac{W}{W_0} \tag{1-35}$$

式中,L_W——声功率级(dB);

W——所研究的声音的声功率(W);

W_0——基准声功率,其值为 10^{-12} W。

在一般的建筑声环境条件下,忽略空气特性阻抗($\rho_0 c$)的影响,认为声强级和声压级的数值近似相等[4]。

5)组合声级

使用对数标度导致声源的叠加效果不能用简单的数值相加来衡量,对于由多个互不相干的声源构成的声环境,这些声源同时作用的总声压(有效声压)是各声压的均方根值,如式(1-36)所示。[4]

$$p_{总} = \sqrt{p_1^2 + p_2^2 + \cdots + p_n^2} \tag{1-36}$$

1.3.2 建筑声环境评价指标

声环境的评价包括室内音质评价和环境噪声评价两部分。而噪声的评价是声环境评价的重点,在任何建筑空间中,居住者对背景噪声水平的满意程度取决于噪声本身的音质、居住者的听觉敏感度和特定的活动参与程度。在大多数情况下,背景噪声必须是不引人注意的,这意味着噪声水平不能过度到引起分心、烦恼或干扰。国内外对声音进行评级的传统方法包括 A 声级、NC 曲线、NR 曲线和 RC 曲线等。在我国标准中采用较多的主要是 A 声级,例如《声环境质量标准》GB 3096、《民用建筑隔声设计规范》GB 50118 中都是用 A 声级来进行噪声的限定。而在 ASHRAE-Handbook 中提到了不同的噪声评价曲线,可以根据不同的要求对声环境进行更准确的评价[1]。

1. 室内音质的评价

1) 清晰度和明晰度

清晰度和明晰度是一组主观性指标,分别针对语言声和音乐声而定义,对于语言声要求具有一定的清晰度,对于音乐声要求达到期望的明晰度。

语言声的清晰度常用音节清晰度来表示。在评价时,首先由一人发出若干毫无语义联系的单音节,同时由室内的听者聆听并记录,然后按照式(1-37)统计听者正确听到的音节数占所发音音节数的百分比,即为音节清晰度。

$$音节清晰度 = \frac{听众正确听到的音节数}{测定所发的全部音节数} \times 100\% \tag{1-37}$$

以汉语为例,一般以汉语中的一字一音定义为单音节,其音节清晰度与听音感觉之间的关系如表 1-14 所示。

表 1-14 音节清晰度与听音感觉之间的关系

音节清晰度	听音感觉	音节清晰度	听音感觉
<65%	不满意	75%~85%	良好
65%~75%	勉强可以	>85%	优良

类似地,音乐声的明晰度具有两方面含义:一方面是能够清楚地辨别出不同种类声源的音色;另一方面是能够听清每个音符,对于节奏较快的音乐能感受到旋律分明。

2) 混响时间[4]

混响是指当声源停止发声后,声音在房间内会出现多次反射或散射延续的现象。混响时间是建筑声环境的重要评价指标之一,常用于指导建筑声学设计。混响时间过短,声音枯燥无味、不自然;混响时间过长,声音会出现混杂;混响时间合适,声音圆润动听。其定义为在室内声音达到稳定状态后(即室内保持在稳态声压级),停止声源发声,此时室内声音自稳态声压级衰减至 60 dB 所需的时间。

混响时间最初采用赛宾公式计算,见式(1-38),描述了混响时间和房间参数的关系。即房间混响时间的长短是由它的吸声量和体积大小所决定的,体积越大且吸声量越小的房间,混响时间越长;吸声越强且体积越小的房间,混响时间就越短。

$$T_{60}=\frac{0.161V}{A} \tag{1-38}$$

$$A=S_1\alpha_1+S_2\alpha_2+\cdots+S_n\alpha_n=\sum S_t\alpha_t \tag{1-39}$$

式中,T_{60}——混响时间(s);

V——房间容积(m^3);

A——房间的总吸声量(m^2);

S_n——房间的各表面面积(m^2);

α_n——相应表面的吸声系数。

如果考虑声波传播过程中空气对较高频率声音(一般指 1 000 Hz)的吸收作用,吸收的多少主要取决于空气的相对湿度和温度,即多用依林公式计算:

$$T_{60}=\frac{0.161V}{-S\ln(1-\overline{\alpha})+4mV} \tag{1-40}$$

$$\overline{\alpha}=\frac{\alpha_1 S_1+\alpha_2 S_2+\cdots+\alpha_n S_n}{S_1+S_2+\cdots+S_n} \tag{1-41}$$

式中,$\overline{\alpha}$——平均吸声系数;

$4m$——空气的吸收系数,见表 1-15。

表 1-15 空气的吸收系数 $4m$ 值(室温 20℃)[4]

声音的频率(Hz)	室内空气的相对湿度			
	30%	40%	50%	60%
2 000	0.012	0.010	0.010	0.009
4 000	0.038	0.029	0.024	0.022
6 300	0.084	0.062	0.050	0.043

对于不同类型建筑的混响时间要求可参考《民用建筑隔声设计规范》GB 50118 中规定的数值。

3) 语音空间衰减率 $D_{2,s}$

A 计权语音声压级空间衰减率,是指 A 计权语音声压级随着距离的增加而降低的分贝数。大多数开放式办公室的声学状况较差,通常 $D_{2,s}<5$ dB;对于具有良好声环境的开放式办公室而言,一般 $D_{2,s} \geq 7$ dB。可采用最小二乘法确定测点 n 上的语音空间衰减率 $D_{2,s}$,计算公式如式(1-42)所示。

$$D_{2,\mathrm{S}} = -\log_2 \frac{N\sum_{n=1}^{N}\left[L_{\mathrm{p,A,S},n}\lg\left(\frac{r_n}{r_0}\right)\right] - \sum_{n=1}^{N}L_{\mathrm{p,A,S},n}\sum_{n=1}^{N}\lg\left(\frac{r_n}{r_0}\right)}{N\sum_{n=1}^{N}\left[\lg\left(\frac{r_n}{r_0}\right)\right]^2 - \left[\sum_{n=1}^{N}\lg\left(\frac{r_n}{r_0}\right)\right]^2} \quad (1\text{-}42)$$

式中，$L_{\mathrm{p,A,S},n}$——测点 n 位置处的 A 计权语音声压级；

n——测点序号；

N——测点总数；

r_n——距测点 n 的距离；

r_0——参考距离，为 1 m。

4) 语音传输指数 STI

语音传输指数 STI 和可懂度(即语言清晰度)有关，是表征语音传输质量的物理量。语音传输指数的测量一般采用脉冲响应，即采用扫频信号或 MLS 信号，同时对背景噪声的影响进行调整。因为语音传输指数 STI 会受到随测点位置变化的背景噪声级的影响，从而产生显著变化，分心距离和私密距离的确定也受到影响。因此，语音传输指数 STI 要根据测量路径上所有测点位置的背景噪声级的平均值来确定[9]。

5) 分心距离 r_D、私密距离 r_P

当语音传输指数 STI 减小到 0.50 时，该位置与说话人的距离称为分心距离(m)，超过分心距离后，注意力集中性和言语私密性快速提高。当语音传输指数 STI 进一步减小到 0.20 时，该位置与说话人的距离称为私密距离(m)，超过私密距离后，注意力集中性和言语私密性基本可以相当于不同的独立办公室之间的交流环境。大多数开放式办公室的声学状况较差，通常为 $r_\mathrm{D} > 10$ m；对于具有良好声环境的开放式办公室而言，一般 $r_\mathrm{D} \leqslant 5$ m[9]。

2. 环境噪声评价

1) A 声级 L_A

A 声级 L_A 是用 A 计权特性测得的声压级，表示为数字后接 dB(A)，其为易于确定的单数字评级，是目前国际上使用最广泛的单值评价方法。A 声级能够反映人对声音的主观感受，它对 500 Hz 以下的声音进行了衰减处理，从而模拟人耳对低频不敏感的特性。A 声级也广泛用于户外环境噪声标准和评估长期暴露于噪声中对听力的危害风险，如在工业环境和其他工作场所中。A 声级越高，人越觉得吵，如果 A 声级超过 130 dB(A)，会迅速引起听力损伤。从人们对噪声响应的观点看(包括响度、干扰程度以及听力损伤等)，现在已经公认 A 加权声级能够对噪声做出满意的表述[3]。

A 声级通常直接测得，也可以由倍频程或 1/3 倍频程声压级计算得到，计算式如式(1-43)所示。

$$L_\mathrm{A} = 10\lg\sum_{i=1}^{n}10^{0.1(L_{\mathrm{p}i}+\Delta A_i)} \quad (1\text{-}43)$$

式中，L_A——A 声级[dB(A)]；

$L_{\mathrm{p}i}$——第 i 个倍频带声级(dB)；

ΔA_i——第 i 个频率 A 计权网络修正值(dB)。

表 1-16 所示是国内外标准中典型场所环境噪声指标。

表 1-16 国内外标准中环境噪声指标

标准名	功能区	噪声级	备注
《声环境质量标准》GB 3096	0 类:康复疗养区	昼间:≤50 dB(A) 夜间:≤40 dB(A)	—
	1 类:居民住宅、医疗卫生、文化教育、科研设计、行政办公	昼间:≤55 dB(A) 夜间:≤45 dB(A)	—
	2 类:商业金融,集市贸易或居住,商业、工业混杂区	昼间:≤60 dB(A) 夜间:≤50 dB(A)	—
	3 类:工业生产、仓储物流	昼间:≤65 dB(A) 夜间:≤55 dB(A)	—
	4a 类:高速公路、一级公路、二级公路、城市快速路、城市主干道、城市次干路、城市轨道交通(地面)、内河航道两侧区域	昼间:≤70 dB(A) 夜间:≤55 dB(A)	—
	4b 类:铁路干线两侧区域	昼间:≤70 dB(A) 夜间:≤60 dB(A)	—
《住宅性能评定技术标准》GB/T 50362	室外等效声级	Ⅲ:昼间≤50 dB(A) 黑夜≤40 dB(A)	—
		Ⅱ:昼间≤55 dB(A) 黑夜≤45 dB(A)	—
		Ⅰ:昼间≤60 dB(A) 黑夜≤50 dB(A)	—
	黑夜偶然噪声级	Ⅲ:≤55 dB(A)	—
		Ⅱ:≤60 dB(A)	—
		Ⅰ:≤65 dB(A)	—
《住宅设计规范》GB 50096	卧室,起居室(厅)内的允许噪声级	昼间卧室:≤45 dB(A) 夜间卧室:≤37 dB(A) 起居室:≤45 dB(A)	开窗条件下
《民用建筑隔声设计规范》GB 50118	卧室	昼间:≤45 dB(A) 夜间:≤37 dB(A)	在关窗状态下,强制项
	起居室	≤45 dB(A)	
	卧室	昼间:≤40 dB(A) 夜间:≤30 dB(A)	在关窗状态下,高要求住宅
	起居室	≤40 dB(A)	

（续表）

标准名	功能区	噪声级	备注
《绿色建筑评价标准》GB/T 50378	卧室、起居室	昼间：≤45 dB(A) 夜间：≤35 dB(A)	在关窗状态下，控制项
WHO《社区噪声指南》	公路交通	昼间：≤53 dB(A) 夜间：≤45 dB(A)	—
	铁路交通	昼间：≤54 dB(A) 夜间：≤44 dB(A)	—
	航空噪声	昼间：≤45 dB(A) 夜间：≤40 dB(A)	—
	风力涡旋机	≤45 dB(A)	—
	夜总会、音乐会等娱乐噪声源	年平均水平总和 ≤70 dB(A)	—
英国 PPG24 规划政策指南	公路噪声	A：昼间≤55 dB(A) 黑夜≤45 dB(A)	—
		B：昼间 55～63 dB(A) 黑夜 45～57 dB(A)	—
		C：昼间 63～72 dB(A) 黑夜 57～66 dB(A)	—
		D：昼间＞72 dB(A) 黑夜＞66 dB(A)	—
	轨道噪声	A：昼间≤55 dB(A) 黑夜≤45 dB(A)	—
		B：昼间 55～66 dB(A) 黑夜 45～59 dB(A)	—
		C：昼间 66～74 dB(A) 黑夜 59～66 dB(A)	—
		D：昼间＞74 dB(A) 黑夜＞66 dB(A)	—
	飞机噪声	A：昼间≤57 dB(A) 黑夜≤48 dB(A)	—
		B：昼间 57～66 dB(A) 黑夜 48～57 dB(A)	—

(续表)

标准名	功能区	噪声级	备注
英国 PPG24 规划政策指南	飞机噪声	C:昼间 66～72 dB(A) 黑夜 57～66 dB(A)	—
		D:昼间＞72 dB(A) 黑夜＞66 dB(A)	—
	混合声源	A:昼间≤55 dB(A) 黑夜≤45 dB(A)	—
		B:昼间 55～63 dB(A) 黑夜 45～57 dB(A)	—
		C:昼间 63～72 dB(A) 黑夜 57～66 dB(A)	—
		D:昼间＞72 dB(A) 黑夜＞66 dB(A)	—
日本《噪声环境质量标准》	疗养设施、社会福利设施等集合的地区,特别需要安静的地区	昼间≤50 dB(A) 黑夜≤40 dB(A)	—
	居住住宅专用地区和居住住宅为主要功能地区	昼间≤55 dB(A) 黑夜≤45 dB(A)	—
	大多数为商住混合的地区	昼间≤60 dB(A) 黑夜≤50 dB(A)	—
美国《噪声控制法》	所有区域	$L_{eq}(24) \leqslant 70$ dB	—
	居住区、农场和其他人在室外停留时间各异的区域,其他需要安静的地区	$L_{dn} \leqslant 55$ dB	—
	人在室外停留时间有限的地区,如学校校园、操场等	$L_{eq}(24) \leqslant 55$ dB	—
	居住区的室内	$L_{dn} \leqslant 45$ dB	—
	其他区域的室内,如学校等	$L_{eq}(24) \leqslant 45$ dB	—

2) 语言干扰级 SIL[10,4]

语言干扰级(speech interference level,SIL)是由美国 L. L. Beranek 在 20 世纪 40 年代末提出的,是评价噪声干扰谈话程度的单值评价量,反映了人们所处环境的噪声背景,广泛用于评价飞机机舱噪声。一般而言,语言声能大部分是在低于 800 Hz 的频率范围,而高于 800 Hz 声音对清晰度具有重要作用,因此以中心频率为 500 Hz、1 000 Hz、2 000 Hz 和 4 000 Hz 共计 4 个倍频带噪声声压级的算术平均值作为语言干扰级,这是对语言清晰度计算的简化。如果以 500 Hz、1 000 Hz 和 2 000 Hz 为中心的 3 个倍频带的噪声声压级的算术平均作为语言干扰级，称为优先语言干扰级(PSIL)。人的正常谈话声为 70 dB 左右，当环境噪声增大时，人们就不得不提高音量或缩短谈话距离。具体量化结果可参照图 1-4 进行分析。

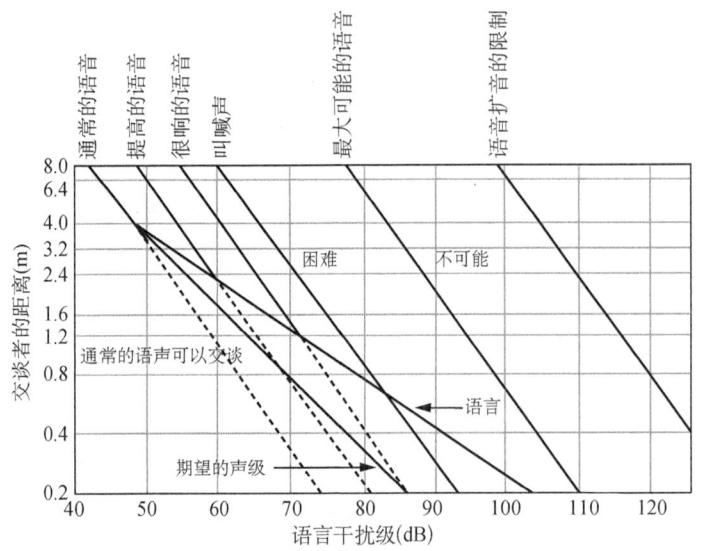

图 1-4　语音干扰和交谈距离之间的关系

3) 等效连续 A 声级 L_{Aeq}[7]

对于一段时间内的非稳态噪声，即声级随时间变化，这种起伏噪声的 L_A 是变化的。等效连续 A 声级反映了某一段时间内能量平均的概念，采用时间加权平均方法，将起伏的多个不同 A 级噪声等效为一个 A 声级来表示该时间段内的噪声大小，即在规定时间 T 内 A 声级的能量平均值，单位为 dB(A)。数学表达式见式(1-44)：

$$L_{Aeq,T} = 10\lg \sum_{i=1}^{n} \frac{T_i}{T} 10^{0.1L_{Ai}} \tag{1-44}$$

目前已证明等效连续 A 声级与人的主观反应存在良好的相关性，在很多国家的标准中，都用该量作为非连续噪声的评价指标。一般来说，该值越小越好。

4) 累积百分声级 L_N[7]

该指标主要用于噪声随机变化的交通噪声和城市噪声。累计百分声级是利用概率统计方法，记录随时间变化的 A 声级噪声，通过统计分析获得的声级，用 L_N 表示，单位为 dB(A)。该指标表示超过某声级的时间大致占测量时间的 $N\%$，最常用的是 L_{90}、L_{50}、L_{10}。交通噪声基本符合正态分布，其等效连续声级与累计百分声级的关系可用式(1-45)表示。

$$L_{Aeq,T} \approx L_{50} + \frac{(L_{10} - L_{90})}{60} \tag{1-45}$$

5) NR 噪声评价曲线[7]

NR 曲线(noise rating number)是国际标准化组织(ISO)根据 Kosten 和 vanOS 的研究提出的噪声评价曲线,该曲线最早由欧洲人提出,广泛应用于欧洲。该曲线既可以用于评价各类建筑空间的噪声等级,也可以用于评价机械设备的噪声等级,尤其适用于评价环境噪声等级和工业噪声等级。NR 曲线评价的方法就是将所测得的噪声频谱与 NR 曲线的标准频谱对比,NR 曲线的序号表示该曲线通过中心频率 1 000 Hz 的声压级数值,每条曲线各中心频率下的声压级可由图 1-5 查出。

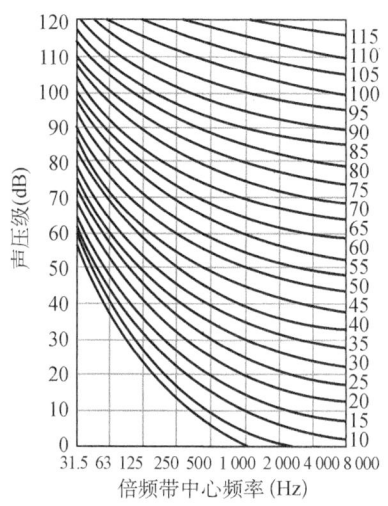

图 1-5　每条曲线各中心频率下的声压级

6) NC(PNC)噪声评价曲线

基于语言干扰级和响度级的噪声标准 NC 曲线(noise criteria),是用来评估空调设备和背景音量的室内噪声的。NC 曲线上对各频段所容许的最高噪声进行了定义,与只采用总噪声量评价相比,采用 NC 噪声标准曲线更严谨。

NC 曲线的评价主要分为两个步骤:①在 NC 参考曲线图中,对实际测定的背景噪声频谱进行绘制,通常在 8 个倍频带(63 Hz、125 Hz、250 Hz、500 Hz、1 000 Hz、2 000 Hz、4 000 Hz、8 000 Hz)上进行测量;②确定 NC 值。对比绘制的噪声频谱图和 NC 噪声标准曲线图,通过"正切法"发现最接近的 NC 曲线,即实测噪声的 NC 评价值。

若实测噪声的频谱没有位于指定的 NC 曲线目标值之上,则可说该背景噪声满足这一目标。NC 值越高,表示环境的噪声量越高。如图 1-6 所示,该噪声样本评价值为 NC_{43}[14]。

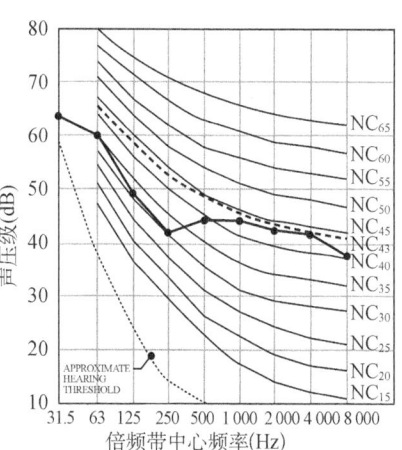

图 1-6　NC 标准曲线和样本频谱

7) 房间标准(RC)法

RC 曲线(room criteria)为一组斜率为 −5 dB/oct 的直线,每条直线的 RC 级由倍频程中心频率 500 Hz、1 000 Hz、2 000 Hz 对应的声压级的算术平均计算得来。与上述评价曲线不同的是,RC 曲线图的低频高声压级处增加了 A、B 两个区域。若在 RC 曲线上绘制的背景噪声频谱穿过了 A 区域,则意味着噪声引发振动的可能性很大,且能清晰听到振动噪声。若频谱穿过 B 区域,则代表着能够感觉到噪声引发的振动。除了增加了 A、B 区域外,使用 RC 曲线进行噪声评价时,不仅要考虑曲线数值的大小,还要比较频谱曲线的形状。如果噪声频谱在低频段(16～63 Hz)超过参考标准曲线,会出现低沉的隆隆声;在中频段(125～500 Hz)超过,有可能出现轰响声;在高频段(1 000～4 000 Hz)超过,则出现尖锐的嘶嘶声。RC 曲线的评价形式是 $RC_{xx}(D)$,其中 xx 代表 RC 曲线的级别,D 是对噪声品质的描述。噪声品质包括中性谱(N)、低音(R)、高音(H)和振动(RV)四种,RC 标准曲线见图 1-7[10]。

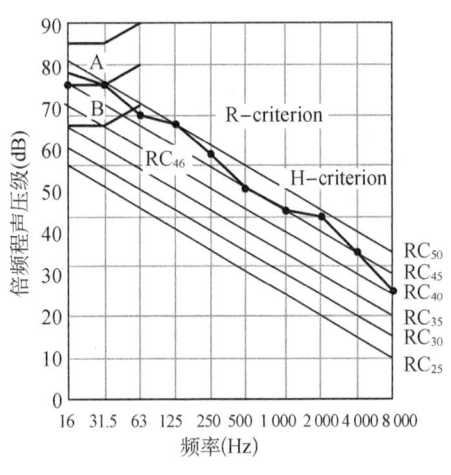

图 1-7 RC 标准曲线

1.4 室内空气品质及污染物控制

建筑室内空气品质的优劣包括两个方面的影响:一是该环境必须达到舒适要求;二是室内环境不影响人体健康。前者涉及的相关参数及指标可以参考第 1.1 节的内容,本部分主要介绍与室内污染物控制相关的参数与规定。

1.4.1 建筑室内污染物及其允许浓度

根据建环专业的核心内容,建筑室内污染物从相态上可以是固体、气体和液体,从对人体影响机理上可以分为粉尘颗粒物、化学(以及生物)污染物和气味等种类。《室内空气质量标准》GB/T 18883 对室内常见污染物的浓度限值进行了规定,见表 1-17。

表 1-17 室内空气质量标准污染物浓度限值

污染物	单位	标准值	备注
CO	mg/m³	10	1 h 均值
CO_2	%	0.10	日平均值
NO_2	mg/m³	0.24	1 h 均值
SO_2	mg/m³	0.50	1 h 均值
甲醛	mg/m³	0.10	1 h 均值

(续表)

污染物	单位	标准值	备注
PM_{10}	mg/m^3	0.15	日平均值
TVOC	mg/m^3	0.60	8 h均值
……			

作为参考,表 1-18 给出了美国标准 ASHRAE 62.1(*Ventilation for Acceptable Indoor Air Quality*)对室内污染物浓度限值的规定。

表 1-18 污染物敏感浓度

污染物	浓度敏感值 (平均时间)	备注
CO	9 ppm(8 h)	参考 CO 对冠状动脉疾病的影响,同时考虑测量仪器在低浓度时准确度有限,故采用该值
甲醛	0.1 mg/m^3 (30 min)	参考世界卫生组织(WHO)对敏感人群 30 min 暴露试验结果
NO_2	100 $\mu g/m^3$	参考暴露一年情况下,对呼吸不良影响的研究
PM_{10}	5 $\mu g/m^3$	预防普通人群呼吸系统疾病、预防哮喘症状加重的要求下,平均暴露一年的指导值
SO_2	80 $\mu g/m^3$	预防呼吸系统疾病;WHO 要求若环境内有 PM_{10},则 SO_2 限值为 50 $\mu g/m^3$
异味	预测满意度 80%以上	可用 CO_2 浓度替代。目前,国内标准尚无基于预测满意度规定的异味限值,而是采用规定换气次数的方式降低异味的影响
……		

1.4.2 建筑室内空气品质评价方法

建筑室内空气品质,通常用 IAQ(indoor air quality)代指。在 ISO 建筑室内空气品质标准(ISO 16814)中,规定室内空气应满足室内人员的两个基本需求:一是吸入的空气对身体健康的不利影响的风险应较低;二是室内空气不会引起显著的不舒适感(即为大多数人所满意)。因此,评价 IAQ 的方法可分为两种:一是对应于身体健康的需求,限制有害物质的最大允许浓度和接触时间;二是对应于满意度的需求,根据室内不满意人数百分比进行评价。除此外,当散发有害物数量不能确定时,可以采用间接方法,根据满足人体基本需求时必须达到的通风率大小进行评价[11]。

1. 基于健康的室内空气品质评价

空气中污染物对健康所造成的不利影响,分为如眼睛刺激等短期、急性的影响,以及如癌症等长期发展性的影响。WHO 对于健康的定义是:健康乃是一种在身体上、精神上的完美状态,以及良好的适应能力,而不仅仅是没有疾病或衰弱的状态。根据健康影响的性质,WHO 发布了部分化学物质对健康没有显著影响的指导浓度。基于健康的室内空气品质评价体系,则是基于该指导浓度,根据其对身体健康造成影响的方式设定不同的折算值,并最终给出不同时间内的污染物限定浓度值。

在工业场所中,人们通常接触多种化学物质,应优先关注空气中的污染物是否会导致严重疾病。在办公室等非工业场所中,所接触的任何一种污染物浓度均较低,但人们与污染物的接触时间往往会大幅度增长,如建筑材料中挥发的污染物。此种存在低浓度污染物的环境,虽不会直接导致严重疾病,但仍会对健康造成影响,例如眼睛刺激、头痛、嗜睡等不舒适感,或者可被称为"病态建筑综合征"(SBS)。与此同时,受 SBS 影响,人们会降低生产力或增加缺勤率,因而降低室内污染物浓度也有经济上的价值[11]。

基于上述分析,WHO 所给出的部分化学物质指导值见表 1-19。对比表 1-17 和表 1-18,室内空气品质标准中的污染物浓度限值,或与 WHO 的指导值相平齐,或低于 WHO 的指导值。

表 1-19 WHO 对部分化学物质的指导值[11]

化学物质	平均时间	建议浓度($\mu g/m^3$)
CO	30 min	60 000
甲醛	30 min	100
NO_2	1 h	200
SO_2	1 d	125
PM_{10}	24 h	50
$PM_{2.5}$	24 h	25

2. 基于满意度的室内空气品质评价

不同人对室内空气污染物的敏感性不同,所经历的不适感亦不同。为应对个体差异,采用感知空气内是否存在污染物的人数百分比来评价室内空气品质,很少人不满意则认为室内空气品质高,反之亦然。

然而,室内人员对室内空气的满意度,并不仅仅取决于室内污染物浓度,而是受到室内温度、湿度、风速、气味等的共同影响。在人的身体中,主要由两种感官负责感知空气中的化学成分:一是位于鼻腔的嗅觉感受器,可分辨刺激性气味;二是三叉神经中感知化学成分的受体,使得眼睛同样对污染物较为敏感。基于不满意度的室内环境评价方法,在设计室内温湿度、光照度等参数时,较为有效;但用于评价污染物浓度时存在一定的困难,例如一氧化碳、氡等有害污染物无法被察觉,且感官对污染物气体的敏感程度与污染物的毒性没有简单的定量联系[11]。

在 ASHRAE 62.1 给出的污染物浓度限值标准中,一氧化碳等污染物的浓度限值数据是基于 WHO 的指导值给出的;而异味等气体的限值,则是根据预测人员满意度规定的限值。

3. 换气次数的限制规定

合理设置建筑通风换气次数是降低室内污染物浓度、保持健康舒适环境的基础方法。室内空间需要的换气次数，也可以作为间接评价室内空气品质的一种指标。

当散发有害物数量不能确定时，可按表 1-20 确定室内空间的换气次数。

表 1-20 民用及公共建筑通风换气次数[12]

房间名称	换气次数(1/h)	
	进气	排气
宿舍	—	1.0
盥洗室	—	0.5～1.0
教室	—	1.0～1.5
化学实验室	—	3.0
体育观众厅	每人 10 m³/h	—
制冷空调机房	—	5.0
地下停车库	4.0～5.0	5.0～6.0
……		

作为参考，表 1-21 给出了 ASHRAE 62.1 中规定的不同空间呼吸区换气次数最低要求。

表 1-21 呼吸区域最小换气次数

区域	每人通风量 [L·(s·人)$^{-1}$]	每平方米通风量 [L·(s·m^2)$^{-1}$]
教室(9 岁以上)	5	0.6
大学实验室	5	0.9
大礼堂	3.8	0.3
食堂	3.8	0.9
会议室	2.5	0.3
图书馆	2.5	0.6
……		

1.5 室内气流组织评价体系

1.5.1 建筑室内气流组织评价方法

空调区域的气流组织，是指采用合理的送风口、回风口，布置在合理的位置，从而保证处理后的空气经送风口进入空调区域后,与空调区域内原有的空气充分混合或进行置换,消除其中的余热和余湿,使得空调区域内的温湿度、气流速度、洁净度均匀,且可满足人员舒适性需求或生产工艺需求。回风口负责抽出部分空调区域内的空气,分别送至空气处理设备或室外。

《民用建筑供暖通风与空气调节设计规范》GB 50736—2012 中的第 7.4.1 条规定,气流组织应根据空调区内温湿度参数、允许风速、噪声标准、空气质量、室内温度梯度及空气分布特性指标(ADPI)等要求,结合建筑特点、内部装修、家具布置等进行设计、计算。

《实用供热空调设计手册(第二版)》[12] 中,对气流组织的基本要求见表 1-22。

表 1-22 气流组织基本要求

空调类型		室内温湿度参数	送风温差(℃)	每小时换气次数	风速(m/s)	
					送风出口	空调区域
舒适性空调		冬季 18~24℃,$\varnothing$=30%~60%;夏季 22~28℃,$\varnothing$=40%~65%	送风口高度 h≤5 m 时,不宜大于 10;送风口高度 h>5 m 时,不宜大于 15	非高大空间不宜小于 5 次;高大空间应按冷负荷通过计算确定	无消声要求时,根据送风方式确定;消声要求较高时,取 2~5	冬季≤0.2;夏季≤0.3
工艺性空调	温湿度基数根据工艺需要确定;允许波动范围分为四类	(1) 大于±1℃ (2) 等于±1℃	(1) 小于等于 15 (2) 6~9	不小于 5 次		冬季不宜大于 0.3;夏季宜采用 0.2~0.5;室内温度高于 30℃ 时,可大于 0.5
		(3) 等于±0.5℃	(3) 3~6	不小于 8 次		
		(4) 等于±0.1~0.2℃	(4) 2~3	不小于 12 次(工作时间内不送风的除外)		

ASHRAE Handbook-HVAC Application 对混合通风进行了评价,选择合适的气流组织形式,应满足以下要求:

(1) 在末端设备选型时应考虑外观、流量、噪声等因素。
(2) 绘制房间内的等风速线图,以确认人员活动区域内的风速是否超过设计值。
(3) 满足房间舒适性标准要求,如空气分布特性指标等。

在置换通风中,由于出风口风速较低,评价标准亦不同于混合通风。ASHRAE Standard 55 规定置换通风中,室内站立人员脚部与头部之间的垂直温度梯度不得大于 3℃。

1.5.2 建筑室内气流组织评价体系

1. 等风速线图

ASHRAE Handbook-HVAC Application 的第 57 节中指出,在完成送风口设备选型

后,可从设备商处获取气流离开送风口后风速降至 0.75～0.25 m/s 时与送风口的间距。基于此,可绘制房间内的等风速线图,以确认人员活动区域内的风速是否超过设计值。

《民用建筑供暖通风与空气调节设计规范》GB 50736—2012 第 7.4.1 条中指出,宜采用计算流体动力学(CFD)数值模拟计算,从而获得室内风速分布的云图。

2. 空气分布特性指标(ADPI)

空气分布特性指标指满足风速、温度设计要求的测点数占总测点数的比重。从人体舒适性角度考虑,风速、温度影响较大,相对湿度在适当范围内影响较小,故选取前二者作为评价依据。为计算 ADPI,需计算每个测点的 EDT,其计算式如式(1-46)所示。

$$\text{EDT} = (t_i - t_n) - 7.66(u_i - 0.15) \tag{1-46}$$

式中,t_i——该测点的空气温度;

t_n——室内设计温度;

u_i——该测点的空气流速。

《民用建筑供暖通风与空气调节设计规范》GB 50736—2012 第 7.4.1 条的条文说明中指出,当 EDT 为 -1.7～1.1 时,大多数人感到舒适。故空气分布特性指标的计算式如式(1-47)所示。

$$\text{ADPI} = \frac{i_{\text{EDT}}}{i_{\text{sum}}} \times 100\% \tag{1-47}$$

式中,i_{EDT}——EDT 为 -1.7～1.1 的测点数;

i_{sum}——总测点数。

《民用建筑供暖通风与空气调节设计规范》GB 50736—2012 第 7.4.1 条的条文说明中指出,空调区域的气流组织应使 ADPI≥80%。

3. ASHRAE 空气分布特性指标

在 ASHRAE Handbook-HVAC Application 第 57 节表 4 中,定义了 $T_{0.25}/L$,以预测制冷工况下的人员舒适性。其中,$T_{0.25}$ 是指射流速度降至 0.25 m/s 时的绝热温度,L 是射流特征长度。

定义有效吹风温度(t_{ed})如式(1-48)所示,代表某一测点实际体感温度与设计值之间的温度差值。

$$t_{\text{ed}} = (t_x - t_c) - 7.73(V_x - 0.15) \tag{1-48}$$

式中,t_x——该测点的干球温度;

t_c——房间控制干球温度(设计值);

V_x——该测点沿射流轴线方向上的风速。

定义 ADPI 为一组测点中,有效吹风温度为 -1.5～1℃,且风速小于 0.35 m/s 的测点数的占比。ASHRAE 同时给出了 ADPI 的选取指南,见表 1-23。

表 1-23　ADPI 选取指南

气流组织形式	房间负荷 (W/m²)	最大 ADPI 下的 $T_{0.25}/L$	最大 ADPI	ADPI 允许最小值	$T_{0.25}/L$ 允许值范围
侧墙格栅	250	1.8	68	—	—
	190	1.8	72	70	1.5～2.2
	125	1.6	78	70	1.2～2.3
	60	1.5	85	80	1.0～1.9
天花板圆形散流器	250	0.8	76	70	0.7～1.3
	190	0.8	83	80	0.7～1.2
	125	0.8	88	80	0.5～1.5
	60	0.8	93	90	0.7～1.3
导流叶片窗台格栅	250	1.7	61	60	1.5～1.7
	190	1.7	72	70	1.4～1.7
	125	1.3	86	80	1.2～1.8
	60	0.9	95	90	0.8～1.3
扩散叶片窗台格栅	250	0.7	94	90	0.6～1.5
	190	0.7	94	80	0.6～1.7
	125	0.7	94	—	—
	60	0.7	94	—	—
天花板条缝散流器（为 $T_{0.50}/L$）	250	0.3	85	80	0.3～0.7
	190	0.3	88	80	0.3～0.8
	125	0.3	91	80	0.3～1.1
	60	0.3	92	80	0.3～1.5
灯槽散流器	190	2.5	86	80	<3.8
	125	1.0	92	90	<3.0
	60	1.0	95	90	<4.5
预制百叶天花板散流器	35～160	2.0	96	90	1.4～2.7
				80	1.0～3.4

4. 垂直温差

垂直温差的评价方法主要应用于置换通风。不同标准对垂直温差的要求见表 1-24。

第1章 建筑室内环境描述与评价

表 1-24 垂直温差限值

标准	GB 50376—2012	ISO 7730—2005	ASHRAE 55—2013	CIBSE 2006
坐姿温差 $t_{0.1-1.1}$	—	≤3℃	—	≤3℃
站姿温差 $t_{0.1-1.8}$	≤3℃	—	≤3℃	—

1.6 建筑外环境评价体系

建筑外物理环境包括室外声环境、光环境、热环境和风环境。

1.6.1 室外声环境评价

《声环境质量标准》GB 3096 对声环境功能区进行了分类,并规定了各类功能区的噪声限值,见表 1-25。

表 1-25 声环境功能区分类及其噪声限值

声环境功能区类别		定义	限值(dB)	
			昼间	夜间
0 类		指康复疗养区等特别需要保持安静的区域	50	40
1 类		指以居民住宅、医疗卫生、文化教育、科研设计、行政办公为主要功能,需要保持安静的区域	55	45
2 类		指以商业金融、集市贸易为主要功能,或者居住、商业、工业混杂,需要维护住宅安静的区域	60	50
3 类		指以工业生产、仓储物流为主要功能,需要防止工业噪声对周围环境产生严重影响的区域	65	55
4 类	4a 类	指交通干线两侧一定距离之内,需要防止交通噪声对周围环境产生严重影响的区域,包括 4a 类和 4b 类两种类型。4a 类为高速公路、一级公路、二级公路、城市快速路、城市主干路、城市次干路、城市轨道交通(地面段)、内河航道两侧区域;4b 类为铁路干线两侧区域	70	55
	4b 类		70	60

1.6.2 室外光环境评价

室外光环境主要包括光污染和日照时长等。

《玻璃幕墙光热性能》GB/T 18091 要求玻璃幕墙在满足采光、隔热和保温要求的同时,不应对周围环境产生有害反射光的影响,包含但不限于:

(1) 玻璃幕墙应采用可见光反射比不大于 0.30 的玻璃。

(2) 在城市快速路、主干道、立交桥、高架桥两侧的建筑物 20 m 以下及一般路段 10 m 以下的玻璃幕墙,应采用可见光反射比不大于 0.16 的玻璃。

(3) 在 T 形路口正对直线路段处设置玻璃幕墙时,应采用可见光反射比不大于 0.16 的玻璃。

(4) 构成玻璃幕墙的金属外表面,不宜使用可见光反射比大于 0.30 的镜面和高光泽材料。

(5) 道路两侧玻璃幕墙设计成凹形弧面时应避免反射光进入行人与驾驶员的视野中,凹形弧面玻璃幕墙设计与设置应控制反射光聚焦点的位置。

(6) 以下情况应进行玻璃幕墙反射光影响分析:①在居住建筑、医院、中小学校及幼儿园周边区域设置玻璃幕墙时;②在主干道路口和交通流量大的区域设置玻璃幕墙时。

(7) 玻璃幕墙反射光对周边建筑的影响分析应选择日出后至日落前太阳高度角不低于 10°的时段进行。

(8) 在与水平面夹角 0°~45°的范围内,玻璃幕墙反射光照射在周边建筑窗台面的连续滞留时间不应超过 30 min。

对于夜间室外光污染,《室外照明干扰光限制规范》GB/T 35626 和《城市夜景照明设计规范》JGJ/T 163 均作了相关规定。

1.6.3 室外热环境评价

室外热环境是指对建筑或人体产生热作用的物理环境,包含太阳辐射、气温、周围物体表面温度、相对湿度与气流速度等物理因素。

《城市居住区热环境设计标准》JGJ 286 给出用夏季逐时湿球黑球温度[WBGT(τ)]和夏季平均热岛强度($\overline{\Delta t_a}$)来评价城市居住区建筑外热环境,其计算方法见式(1-49)—式(1-53)。

$$\text{WBGT}(\tau)_{夏季} = 1.157 t_a(\tau) + 17.425 \varphi_a(\tau) + 2.407 \times 10^{-3}[I_{SR}(\tau) + I_{SR-R}(\tau)] - 20.550 \tag{1-49}$$

$$\varphi_a(\tau) = \varphi_{a \cdot TMD}(\tau) \cdot 10^m \tag{1-50}$$

$$m = \frac{7.5 t_{a \cdot TMD}(\tau)}{[237.3 + t_{a \cdot TMD}(\tau)]} - \frac{7.5 t_a(\tau)}{[237.3 + t_a(\tau)]} \tag{1-51}$$

$$I_{SR-R}(\tau) = \{[I_o(\tau) - I_{dif}(\tau)][1 - f_{PSA}(\tau)] + I_{dif}(\tau) \psi_{SVF}\} \times (1-\rho) \tag{1-52}$$

$$\psi_{SVF} = \frac{1}{n} \cdot \sum_{i=1}^{n}(1 - f_{PSA \cdot i}) \tag{1-53}$$

式中,$t_a(\tau)$——τ 时刻居住区设计的空气温度(℃);

$\varphi_a(\tau)$——τ 时刻居住区设计的空气温度对应下的空气相对湿度(%);

$\varphi_{a \cdot TMD}$——τ 时刻居住区所在城市或气候区的典型气象日相对湿度(%);

$t_{a \cdot TMD}(\tau)$——τ 时刻居住区所在城市或气候区的典型气象日空气干球温度(℃);

$I_{SR}(\tau)$——τ 时刻居住区设计的地表入射太阳辐射照度(W/m²);

$I_{SR-R}(\tau)$——τ 时刻设计地块范围内的地表反射的短波辐射照度(W/m²);

$I_o(\tau)$,$I_{dif}(\tau)$——τ 时刻居住区所在城市或气候区的典型气象日水平总辐射照度、水平散射辐射照度(W/m²);

$f_{PSA}(\tau)$——τ 时刻设计地块范围内空地的建筑阴影率(%),以所在地 7 月 21 日太阳位置计算;

ψ_{SVF}——设计地块范围内空地的平均天空角系数;

ρ——居住区地表的平均太阳辐射吸收系数;

n——为无穷大的天空均匀分布的假定光源个数,取 324 个;

$f_{PSA \cdot i}$——第 i 个假定光源照射时的建筑阴影率(%),$i=1,2,\cdots,n$。

$$\overline{\Delta t_{a夏季}} = \sum_{\tau_1}^{\tau_2}[t_a(\tau)-t_{a \cdot TMD}(\tau)]/11 \tag{1-54}$$

式中,$t_a(\tau)$——τ 时刻居住区设计的空气温度(℃);

$t_{a \cdot TMD}(\tau)$——τ 时刻居住区所在城市或气候区的典型气象日空气干球温度(℃);

τ_1,τ_2——平均热岛强度统计时段的起、止时刻(北京时间),平均热岛强度的统计时段应为当地的地方太阳时 8:00—18:00(h)。

1.6.4 室外风环境评价

《绿色建筑评价标准》GB/T 50378 中对于建筑外风环境评价,要有利于室外行走、活动舒适和建筑的自然通风。在冬季典型风速和风向条件下,建筑物周围人行区风速应小于 5 m/s,除迎风第一排建筑外,建筑迎风面和背风面表面风压差不大于 5 Pa;在过渡季、夏季典型风速和风向条件下,场地内人活动区不出现涡旋或无风区,50%以上可开启外窗且室内外表面的风压差大于 0.5 Pa。

广东省标准《建筑风环境测试与评价标准》DBJ/T 15—154 对风环境的舒适性测试与评价作了相关规定。

风环境舒适性评估应采用平均风速,区分冬夏两季进行。基于气象站逐时风速进行评估时,风环境的舒适性分类见表 1-26。

表 1-26 风环境的舒适性分类(基于逐时风速)

舒适性类别	不同超越概率的平均风速(m/s)			环境类别
	夏季		冬季	
	≥50%	≤2%	≤2%	
1	1.0	2.5	1.8	全部适用
2	1.0	3.6	3.6	公园、购物街、广场、人行道、停车场
3	1.0	5.4	5.4	广场、人行道、停车场
4	1.0	9.9	7.6	人行道、停车场
5	不满足以上要求			非人员日常活动区域

当缺少逐时风速资料时，可采用日最大风速进行评估，所依据的风速资料不应少于10年。基于日最大风速进行评估时，风环境的舒适性分类可按表1-27采用年超越次数进行。

表1-27 风环境的舒适性分类（基于最大风速）

舒适性类别	不同超越概率的平均风速(m/s)			环境类别
	夏季		冬季	
	≤52次/年	≤12次/年	≤1次/年	
1	3.6	5.4	15.2	全部适用
2	5.4	7.6	15.2	公园、购物街、广场、人行道、停车场
3	7.6	9.9	15.2	广场、人行道、停车场
4	9.9	12.5	15.2	人行道、停车场
5	不满足以上要求			非人员日常活动区域

当缺乏气象统计资料时，可采用主导风向下的平均风速比评价风环境舒适性。夏季主导风向下的平均风速比均不宜小于0.2；冬季主导风向下的平均风速比不宜大于2.0；冬季和夏季主导风向下最大平均风速均不宜大于5.0 m/s。

平均风速比 R 应按式(1-55)计算：

$$R = V_r/V_0 \tag{1-55}$$

式中，V_r——模型测点的平均风速(m/s)；

V_0——模型尺度相当于当地标准地貌10 m高度处的平均风速(m/s)。

第 2 章 建筑环境学实验概述与误差分析

根据"建筑环境学"课程内容,本书在实验设计与组织中,主要围绕室内热环境、室内光环境、室内声环境以及室内气流组织等主题展开。实验手段主要依靠实验室实验、现场实验、仿真实验和数学实验等方式,具体可以根据实验目标和条件选择单一实验方法或者组合实验方法完成实验工作。

2.1 实验方法概述

2.1.1 实验室实验

根据学生参与实验工作的深度,实验室实验可以分为演示观摩类实验和实际操作类实验两类。

1. 演示观摩类实验

演示观摩类实验主要依靠软件平台、简单的教学模块或者教师操作等手段,为学生展示实验过程、揭示实验原理或者规律。演示的方法可以是实物的实际动作过程,也可以是计算机的仿真画面。随着计算机工程的不断发展,用于实验教学的演示软件产品也越来越多,软件平台的演示实验能够提供的信息也愈加丰富。

2. 实际操作类实验

以实际建设完成的实验系统为载体,学生根据实验目标和要求,进行实验系统的方案设计、数据采集和结果分析。这类实验对于实验条件的硬件要求比较高。

随着 VR 技术的普及,依靠实物的实际操作实验也可以在电脑中完成,形成虚拟空间的操作实验。这种虚拟实验室的建设可以在一定程度上缓解实际操作实验对于设备系统初始投资和空间的需求。

2.1.2 现场实验

建环专业很多测试是在现场完成的,由于缺少实验室条件和环境的可控性,现场实验的难度和复杂性一般比实验室高,实验中需要对可能影响实验结果的因素进行比较全面的了解和分析,以提高实验结果的可信度。

建筑环境学实验内容如室内光、热、声环境,室内空气质量、气流组织,围护结构热工性能、建筑外环境等,都可以选取合适的场所,进行现场测试。在进行现场实验时,首先要明确实验测试目标,熟悉所选取的测试对象;然后查阅相关参考资料,如实验指导书、相关测试标准等,制订现场测试方案,准备实验测试仪器;此后进行现场测试,要做好分工与协作,做好原始测试数据的记录;最后进行数据的处理,完成实验报告。

2.1.3 仿真实验

建环专业的一个核心内容是提供健康舒适的室内环境,因此,经常需要用到流场模拟软件、环境模拟软件、建筑性能及系统模拟软件、设备仿真软件等。通过相关软件的联合应用搭建仿真平台,用以解决工程研究与应用中的问题。

CFD 技术在通风气流分布计算中有着广泛的应用,可对场地风环境及建筑室内气流场、自然通风进行模拟分析,并针对模拟所得结果进行优化设计,从而可以完善建筑场地风环境情况及室内通风效果。FLUENT 软件针对暖通空调领域流动数值分析开发了 Airpak 软件包,该软件具有风口模型、新零方程湍流模型等,并且可以求解 PMV、PPD 和空气龄等通风房间专用的评价参数。

DOE-2、Energy Plus、DeST 等软件可用于建筑热过程分析、建筑能耗评价、建筑设备系统能耗分析等。

2.1.4 数学实验

数学实验的概念是近几年广为大家接受并应用的一种研究分析方法。简单来说,就是应用数学知识及相关专业理论,依靠计算机软件技术,解决实际问题。

在建筑环境学实验中,MATLAB 编程可辅助解决围护结构动态传热系数、室内温度变化以及室内热舒适等方面的求解工作。

2.2 实验误差分析及结果表征

由于实验原理、环境条件、实验方案、实验仪器、实验人员与数据收集(处理)方法等方面的原因,实验数据和结果与真值之间肯定存在一定误差。因此,在实验设计、实施与后续结果处理过程中,需要对各环节产生的误差进行分析,并对实验结果的可信度进行评价。

2.2.1 基本概念

实验与测量涉及的概念很多,本部分仅列举本课程涉及的相关内容,其他内容可参考相关标准。

1. 测量

通过实验获得并合理赋予某量一个或多个量值的过程。

2. 真值

所谓真值就是与研究对象的定义一致的量值,是一个特定的物理量在一定条件下所具有的客观量值,又称理论值与定义值。在测量误差的讨论中,认为真值是唯一的,但是由于理论的完善性和实验条件的完备性等问题,真值实际上是不可知的,常用约定真值替代真值。

3. 约定真值

根据给定目的,由协议赋予的量值。可以是制定值、最佳估计值、约定值或者参考值等。

4. 测量结果

与其他有用的相关信息一起赋予被测量的一组量值,可以包括测量对象的概率密度函数、测量的量值与不确定度一起表征的测量结果等。

5. 测量误差

测量误差表示的是测得的量值与参考量值之差。参考量值可以是真值、约定真值或者是利用测量数据产生的真值的估计值。例如,实验中经常采用测量结果的平均值作为测量对象真值的估计值。

6. 系统误差

非偶然的持续性错误。在相同测量条件下,对同一被测量进行多次测量,误差的绝对值和符合不变或按一定规律变化特征。系统错误是有因果关系的,产生的原因一般为仪表使用不当或测量时外界条件变化等。

7. 随机误差

偶然造成的统计误差,不重复出现。对同一恒定量进行多次等精度测量时,其绝对值和符合无规则变化特征。要描述一个随机误差,必须知道它的分布(其参考量值是对同一被测量由无穷多次重复测量得到的平均值)。

8. 仪器误差

仪器误差包含随机误差和系统误差(来源包括仪器本身或环境的影响)。

9. 负荷误差

电流从设备的输出端流出而造成的输出信号的丢失。在不需要电压降的地方,它增加了通过内部阻抗的电压降。

10. 测量准确度

被测量的测得值与其真值的一致程度(不是一个量,不给出有数字的量值,对应于系统误差和随机误差)。

11. 测量正确度

无穷多次重复测量所得量值的平均值与参考量值间的一致程度(不是一个量,不给出有数字的量值,对应于系统误差)。

12. 测量精密度

在规定条件下,对同一或者类似被测对象重复测量所得示值或者测量值之间的一致程度(通常不精密程度以数字形式表示,如在规定测量条件下的标准偏差、方差或变差系数,对应于随机误差)。

13. 不确定度

误差界的估计值。即如果通过校准测量,误差可能是多少。测量结果常被表示为单个测得的量值和一个测量不确定度(对应于系统误差和随机误差)。

14. 置信度

测量结果可靠的程度,表达方式为测量结果+置信度。

2.2.2 误差分类

常用的误差分类方法有根据形式分类和根据性质分类两种。

1. 根据形式分类

根据形式分类,误差可以分为绝对误差和相对误差。

所谓绝对误差,就是测量值和真值之差,可用式(2-1)表示。显然,绝对误差可以是正值或负值。

$$绝对误差 = 测量值 - 真值 \tag{2-1}$$

所谓相对误差,就是绝对误差与被测量的真值之比,可用式(2-2)表示。可见,相对误差也可能为正值或者负值。

$$相对误差 = 绝对误差/真值 \tag{2-2}$$

2. 根据性质分类

根据性质分类,误差可以分为系统误差、随机误差和粗大误差。

1) 系统误差

系统误差可以由一个或几个因素共同引起,例如仪器误差(标准量值的不准确、仪器刻度的不准确等)、标定误差、人员习惯误差、测试条件误差、方法误差等。

根据误差是否确定,系统误差又可分为已知系统误差和未知系统误差。对于已知系统误差,可以根据系统误差出现的规律和机理,对测量结果进行系统误差的修正。对于未知系统误差,一般纳入随机误差处理。

2) 随机误差(偶然误差)

随机误差产生于众多因素的微小波动,从单个测量结果看,这些误差具有不可预测的随机性,呈现时大时小、时正时负、随机变化和无法消除的特征。但是,从统计规律看,随机误差整体符合数理统计的一般规律,可以用数理统计的原理和方法对其进行分析与评价。

3) 粗大误差(过失误差)

粗大误差来自实验或者测量过程的偶然因素,导致含有粗大误差的测量值明显与其他测量值的分布规律有较大差异。操作人员疏忽、仪器故障或者环境突然改变等都可以产生粗大误差,导致测量结果异常。

需要注意的是,系统误差和随机误差之间没有必然的分界线,除了将未知系统误差纳入随机误差进行处理外,对于某个具体的误差而言,在此实验条件下为系统误差,而在另外一个条件下可能为随机误差,例如每一个仪器在生产过程中都具有系统误差,但是对于一批仪器而言,由于制造过程导致的仪器误差必然呈现一定的随机性。因此,需要根据不同的实验过程进行分析。

2.2.3 误差来源

根据实验工作的流程,误差来源可以归纳为以下五个方面。

1. 实验原理与实验方法

根据实验目标选择的实验原理或者实验方法是实验系统设计与搭建的基础,由于实验原理或者方法的不完善,必然影响实验结果的正确性。

2. 实验系统与仪器选择

实验系统的设计与建设过程的不完善、仪器自身误差等都将影响实验结果的正确性,这也是实验数据误差的一个重要来源。

3. 数据采集与处理方法

数据采集与处理方式不完善、有效数字的选取、数值方法的选择等也将影响实验结果的准确性。

4. 实验环境条件

如果实验过程中的环境条件不能满足实验原理和方法的要求,必然导致实验结果偏离,严重时可能引起测量装置与被测量物质发生变化,导致实验结果偏离真值或者实验失败。

5. 人员因素

由于实验人员固有习惯、专业水平、实验能力或者疲劳等因素导致的实验结果偏离真值,这类因素都归结为人员因素。

2.2.4 实验数据处理

根据实验目的的不同,对于实验数据的处理一般分为三类:第一类是实验对象统计分布函数已知的条件下,通过实验数据处理对其统计分布某些特征值进行估计,如正态分布条件下均值与方差的估计等;第二类是实验对象统计分布函数未知,但是可以通过先验信息进行确定,需要通过实验数据处理确定其统计分布的假设检验是否正确,并确定该统计分布特征值的估计值;第三类实验目的是确定相关参数之间的关联关系。第二类实验涉及的假设检验问题,可以参考数理统计相关资料,不在本书讨论范围内;第三类实验可以采用回归分析、聚类分析、时间序列分析等数学实验方法进行讨论,也不在本书的讨论范围内。

根据课程内容,如果没有特别说明,本书后续部分的讨论仅针对正态分布的统计情形。由于已经确定测量对象的统计分布属于正态分布,因此通过实验数据的处理,其目的就是获得正态分布函数中两个特征值的估计——均值和标准差。

根据数理统计理论,实验数据的均值就是正态分布概率密度函数均值的最佳估计值。但是在计算实验数据均值之前,必须先将数据中可能的粗大误差剔除,并进行系统误差修正。

1. 粗大误差的判别与剔除

粗大误差的判别有两种方法:一种是根据散点图,采用直接观察的方法,将明显偏离的数据判定为含有粗大误差的数据,并将其从实验数据中剔除。另一种方法则借助于数理统计理论进行判别,常用的方法包括拉依塔(3σ)准则、格拉布斯(Grubbs)准则和狄克松(Dixon)准则。拉依塔准则适用于测量样本总数比较大($n>50$)的情形;格拉布斯准则适用于样本数 $30\leqslant n<50$ 的情形,或者样本数满足 $3\leqslant n\leqslant 30$ 且只有单个异常值的情形;狄克松准则适用于样本数满足 $3\leqslant n\leqslant 30$ 且有单个异常值的情形。

1) 拉依塔准则

首先计算测量样本总体的平均值 $\bar{x}$ 和残差 v_i,见式(2-3)和式(2-4),再应用贝塞尔公式[式(2-5)]计算测量数据整体的标准差 s。

$$x = \frac{1}{n}\sum_{i=1}^{n}x_i \tag{2-3}$$

式中,n——测量样本数据总数;

x_i——单个测量样本数据。

$$v_i = x_i - \bar{x} \tag{2-4}$$

$$s = \sqrt{\frac{1}{n-1}\sum_{i=1}^{n}(x_i-\bar{x})^2} = \sqrt{\frac{1}{n-1}\sum_{i=1}^{n}v_i^2} \tag{2-5}$$

如果测量值 x_d 满足式(2-6),则说明数据 x_d 中含有粗大误差,需要剔除。

$$|v_d|=|x_d-\bar{x}|\geqslant 3s \tag{2-6}$$

2）格拉布斯准则

首先对测量数据总体计算其平均值与贝塞尔标准差，见式(2-7)，并构造统计量 G，根据设定的显著性水平 α 和测量数据样本总数 n，查表可以得到 $G(\alpha,n)$ 的值。如果满足式(2-7)，则测量值 x_d 中含有粗大误差，需要剔除。

$$|x_d-\bar{x}|\geqslant G(\alpha,n)s \tag{2-7}$$

表 2-1 列出了测量次数为 3~50 的 $G(\alpha,n)$ 的值。

表 2-1 格拉布斯准则的临界值 $G(\alpha,n)$

n	α		n	α	
	0.05	0.01		0.05	0.01
3	1.153	1.155	17	2.475	2.785
4	1.463	1.492	18	2.504	2.821
5	1.672	1.749	19	2.532	2.854
6	1.822	1.944	20	2.557	2.884
7	1.938	2.097	21	2.580	2.912
8	2.032	2.221	22	2.603	2.939
9	2.110	2.323	23	2.624	2.963
10	2.176	2.410	24	2.644	2.987
11	2.234	2.485	25	2.663	3.009
12	2.285	2.550	30	2.745	3.103
13	2.331	2.607	35	2.811	3.178
14	2.371	2.659	40	2.866	3.240
15	2.409	2.705	45	2.914	3.292
16	2.443	2.747	50	2.955	3.335

3）狄克松准则

根据狄克松准则，首先将测量数据样本 $(x_1,x_2,\cdots,x_n)$ 按照大小顺序进行如下排列：

$$x'_1\leqslant x'_2\leqslant\cdots\leqslant x'_n$$

根据测验数据样本数量 n 可以构造如下统计量 r_{ij} 和 r'_{ij}：

$$r_{10}=(x'_n-x'_{n-1})/(x'_n-x'_1) \text{ 与 } r'_{10}=(x'_2-x'_1)/(x'_n-x'_1) \quad (3\leqslant n\leqslant 7)$$

$$r_{11}=(x'_n-x'_{n-1})/(x'_n-x'_2) \text{ 与 } r'_{11}=(x'_2-x'_1)/(x'_{n-1}-x'_1) \quad (8\leqslant n\leqslant 10)$$

$$r_{21}=(x'_n-x'_{n-2})/(x'_n-x'_2) \text{ 与 } r'_{21}=(x'_3-x'_1)/(x'_{n-1}-x'_1) \quad (11\leqslant n\leqslant 13)$$

$$r_{22}=(x'_n-x'_{n-2})/(x'_n-x'_3) \text{ 与 } r'_{22}=(x'_3-x'_1)/(x'_{n-2}-x'_1) \quad (14 \leqslant n \leqslant 30)$$

根据选定的显著性水平 α 和测量数据样本总数 n，查表 2-1 可以得到统计量 $G(\alpha, n)$ 的值。如果上述统计量满足式(2-8)，则 x'_n 为异常值；如果满足式(2-9)，则 x'_1 为异常值。

$$r_{ij} > r'_{ij}, r_{ij} > D(\alpha, n) \tag{2-8}$$

$$r_{ij} < r'_{ij}, r_{ij} < D(\alpha, n) \tag{2-9}$$

2. 系统误差的判别与修正

系统误差的判别比较困难，目前常用的方法主要根据不同情形构建统计量进行系统误差的判别，本书不再详述。

实验过程中，主要根据系统误差产生的可能根源进行实验方案、测量系统等全过程优化，或者依据仪器校准结果对实验数据进行补偿修订等。

3. 随机误差处理

根据数理统计理论，随机误差具有四个典型特征。
(1) 单峰性：误差绝对值小的，密度最大；误差绝对值大的，密度最小。
(2) 对称性：绝对值相等的误差出现的概率相等。
(3) 抵偿性：在相同条件下对同一量进行测量，当测量次数 $n \to \infty$ 时，误差的总和应为零。
(4) 有界性：当测量条件一定时，误差的绝对值实际上不会超出某一界限。

正是由于随机误差具有对称性和抵偿性，因此将测量数据进行相加按照式(2-3)计算平均值的过程就可以消除随机误差对于测量结果的影响。

4. 测量结果均值与标准差的最佳估计值

剔除含有粗大误差的测量数据后，对剩下的测量数据进行系统误差修正，然后根据式(2-3)进行计算，得到的平均值就是测量结果的最佳估计值。

然而，由于随机误差的影响，测量结果样本呈现随机分布特征，其分散性一般用标准差表示，实验数据标准差的计算一般用贝塞尔公式[式(2-5)]计算。标准差越小，说明测试数据分散度越小，测试结果越精确。

5. 测量结果的表达

一个完整的测量结果的表达一般包括两个部分：一是被测量的最佳估计值，一般由算术平均值给出；二是测量不确定度。

测量不确定度用于表征测量结果的分散性，可以分为标准不确定度和扩展不确定度两类。标准不确定度使用标准差表示，扩展不确定度使用测量结果取值区间的半宽度表示。

2.3 建筑环境学实验概述

2.3.1 建筑环境学实验

1. 实验内容

建筑环境学涉及热学、流体力学、物理学、心理学、生理学、劳动卫生学、建筑物理学等科学知识,是一门跨学科的边缘科学,内容包括建筑与外部环境、建筑与室内环境、建筑与人之间的关系。通过本课程理论的学习,让学生了解人类生活和生产过程需要什么样的室内外环境;了解热、声、光、空气质量等物理环境因素对人的健康、舒适的影响;了解人到底需要什么样的微环境,以及特定的工艺过程需要何种人工微环境;了解各种内外部因素是如何影响人工微环境的。从外部自然环境的特点和气象参数的变化规律,掌握这些外部因素对建筑环境各参数的影响,掌握人类生产生活过程中热量、湿量、空气污染物等生产的规律以及对建筑环境形成的作用;掌握改变或控制人工微环境的基本方法和原理,掌握建筑环境中热、空气质量、声、光等环境因素控制的基本原理、基本方法和手段[13]。另外,根据使用功能的不同,从使用者角度出发,研究微环境中温度、湿度、气流组织的分布、空气品质、采光性能、照明、噪声和音响效果等及其相互作用后产生的效果,并对此做出科学的评价,为营造一个满足要求的热工环境提供理论依据。

"建筑环境学"理论课程内容主要由建筑外环境、建筑热湿环境、人体对热湿环境的反应、室内空气品质、气流环境、声环境和光环境等部分组成。对接理论教学内容,共建立七个实验项目,具体为室内热环境舒适性测试、建筑光环境测试、建筑声环境测试、室内空气质量测试、室内气流组织测试、建筑围护结构热工性能测试和建筑室外环境测试。

2. 培养目标

"建筑环境学实验"课程定位为建环专业基础必修课,对接理论课程内容,一般对该专业大三学生开设。

通过本实验课程的学习,巩固建筑环境学基本内容、基本原理;掌握建筑环境评价方法、测试参数、测量方法、常用仪器仪表等,能正确利用仪器仪表进行现场测试,并能对实验数据进行有效处理和分析。实验课程具体教学目标如下。

(1) 能够掌握建筑环境学声、光、热环境测量,室内气流组织、建筑围护结构热工特性、室内外空气品质测量的基本知识,以及相关测试仪表的工作原理、使用范围,能够针对不同测试目标选择不同测试仪表,设计实验测试方案。

(2) 能对实验设计方案、实验过程、实验结果等进行正确的阐述和表达。

(3) 掌握各种仪器仪表的使用方法和注意事项,可以在实际测量中正确使用仪器仪表,初步具备分析和解决现场工程问题的能力。

(4) 根据所学理论知识和实验数据,对实验数据进行分析,对实验结果进行评价。

(5) 能独立完成自己在实验项目中分担的测试任务。
(6) 能在整个实验过程中很好地与团队成员合作,共同完成实验。

3. 实验环节

本实验课程可包括课堂讲学、课堂答辩讨论、实验开展、实验报告编写等多个环节。

(1) 课堂讲学:实验教师对相关理论知识、实验课程完成要求、仪器应用等进行讲解,包括问答环节。

(2) 课堂答辩讨论:对实验设计的方案、实验成果等进行答辩讨论。

(3) 实验开展:按实验设计方案进行实验现场测试的实施。

(4) 实验报告编写:根据实验项目要求对所得数据和现象进行分析,结合所学基本原理,完成实验报告。

4. 考核方法

考核采用过程性评价与期末实验报告相结合的形式,其中过程性评价包括课堂讨论交流、实验积极性和实验操作正确性,具体见表2-2。

表2-2 实验课程设计考核内容与比重

考核形式(考勤、过程考核、考试等)	考核方式(期末考试、期中考试、平时成绩等)	考核内容	所考核的课程要求指标点	比重
过程考核1	平时成绩	实验方案合理性、个人贡献、团队合作性	毕业要求指标点4.1 毕业要求支撑点10.1	30%
过程考核2	平时成绩	实验操作的正确性、个人贡献、团队合作性	毕业要求指标点4.2 毕业要求指标点9	30%
考试	期末成绩	实验结果正确性、实验报告合理性	毕业要求指标点4.3 毕业要求指标点9	40%

实验报告评分标准和评价标准的制订见表2-3。其中,评价标准决定评分标准,依据评价标准制订详细评分标准。

表2-3 实验项目评分标准及评价标准

基本要求	内容	评价标准	
		知识掌握程度	得分
能够掌握热工仪表与测量技术的基本知识,能够识别在不同的测试环境选择不同的测试仪表,设计合适的实验方案 课程目标(1)	实验方案 (20%)	能够全面掌握仪表、测量技术等基本知识,设计正确合理的实验方案	10~20
		基本掌握仪表与测量技术的基本知识,设计的实验方案欠缺合理性	0~9

(续表)

基本要求	内容	评价标准	
		知识掌握程度	得分
能对设计方案进行正确的阐述和表达 课程目标(2)	实验方案答辩 (10%)	能够流畅地表达设计的实验方案,并能正确回答实验教师提出的问题	5~10
		能完成实验方案设计,基本能正确回答实验教师提出的问题	0~4
掌握各种仪器仪表的使用方法和注意事项,可以在实际测量中正确使用仪器仪表,初步具备分析和解决现场工程问题的能力 课程目标(3)	实验过程以及问题分析 (10%)	熟练掌握仪器仪表的使用方法,测量过程正确,能够很好地解决实验过程中遇到的问题	5~10
		不能完全正确地使用各种仪器仪表,遇到问题不会解决	0~4
根据所学理论知识和实验数据,对实验结果进行分析,并总结实验规律 课程目标(4)	实验测试结果及分析 (40%)	对实验结果进行正确分析,总结实验规律,认真完成实验报告。能把实验过程中存在的问题进行归纳分析,并能提出解决方案	30~40
		对实验结果进行正确分析,并总结实验规律,认真完成实验报告	16~29
		对实验结果进行分析,认真完成实验报告,但欠缺对实验规律的总结	0~15
能独立完成承担的实验内容,独立完成实验数据处理,总结实验规律 课程目标(5)	个人贡献 (10%)	参与实验测试过程,能独立完成承担的实验内容,独立完成实验数据处理,总结实验规律	5~10
		参与实验测试方案讨论与制订,并能独立完成相应的测试任务	0~4
能够在整个实验过程中很好地与团队成员合作,共同完成实验课程目标(6)	团队合作 (10%)	能够在整个实验过程中很好地与团队成员合作,共同完成实验	5~10
		参与实验方案设计,参与实验测试过程	0~4

2.3.2 建筑环境学实验实施方法

"建筑环境学"理论内容涉及多个领域,对接理论教学可设计不同类型的实验。在教学时,可采用多种教学方法。根据实验内容不同,可采取如课内实验、课外实验,或二者相结合的开放式实验教学模式。可根据实验类型开展不同层次的实验,如验证性实验、综合型设计性实验。根据学生兴趣可开展创新性实验、兴趣性实验等。

1. 开放式实验教学

开放式实验教学模式将实验教学空间延伸到实验室以外,将实验教学时间延伸到课堂以外,极大地扩展了实验教学的空间和时间。实验教学中以学生为本、教师辅助,鼓励学生主动参与、自由学习、自由探索,可全面发展学生综合素质。实验过程中,学生可自主创新设计实验方案,提出解决问题的方法,可锻炼学生的自主性、主动性,以及团队分工和合作。实验项目可结合学生生活、学习的各个方面开展。

2. 验证性实验教学

对于课程内的验证性实验,由教师统一指导,学生独立或分组完成。指导时,教师注重实验课堂上的提问,启发学生的思考,引导并认真倾听学生的讨论,遇到特殊现象先让学生自己思考,找到解决问题的办法,不直接提出教师自己的观点或解决方法。

重视个别学生提出的错误见解,并引导其他学生一起讨论,激发学生对实验更深入的思考,增加学生对实验关键步骤的理解和重视程度,使知识更加牢固。这样,不仅尊重学生个体的认识和体验,并可使学生的学习活动由被动接受转变为主动探索。

3. 综合型设计性实验教学

对于综合型设计性实验,统一说明实验目标、实验要求、实验条件等内容,学生分组设计实验方案并利用实验室提供的实验平台完成实验。这类实验一般每组由 2~4 名学生组成,分 3 个阶段进行实验,利用开放的实验时间和开放的实验平台进行。这类实验注重培养学生自主探究的学习方式,以实例为对象,学生自己安排实验时间、内容、设备、实验计划等。

第一阶段,每组学生根据实验目标与要求,共同设计实验方案,规划实验步骤,提交实验方案。第二阶段,提交的实验方案经指导教师讲解后,学生进入实验室进行实验。第三阶段,学生根据实验结果,撰写实验报告。教师在实验过程中,给予必要的指导。有的设计性实验还采用学生讲解、教师及其他同学提问的答辩方式对实验结果进行评判。

4. 创新性实验教学

根据理论学习的内容,学生结合大学生创新实验项目、校企合作的科研实战性实验项目,采取教师个别指导、学生分组完成的教学方式。实验项目的目标由学生和指导教师共同商定,实验方案、实验步骤由学生自行制订。实验过程中,教师分阶段定期对学生进行指导,实验结果一律采用答辩的方式进行。

5. 兴趣性实验教学

除基本实验要求外,为学生提供更多的选择空间,学生可以选择自己感兴趣的实验。鼓励教师及时将学科的最新研究成果经过浓缩提炼转化为实验项目,鼓励学生自愿选择,形成"项目导引式"实践的教学方法。实验教学也可以借助多方面资源,由校内实验指导教师和行业工程师共同承担,使学生既有理论深度又有实践能力,并具有鲜明的行业特点。

2.3.3 建筑环境学实验的拓展

1. 建筑环境学虚实一体化实验

实验教学是大学生实践能力培养的必须环节,要能够调动学生实验的积极性、主动性。而许多高校实验教学面临仪器设备损耗、老旧、扩展难,跟不上实验教学内容的更新[14];实验室管理方面因涉及时间场地安排、仪器设备维护等多重问题,现有实验资源越来越难以满足新形式实验教学发展需求。随着计算机、信息化技术的飞速发展,数字化技术在工程应中已广泛应用。虚拟实验教学是一种很好的解决方法,具有传统教学方式无法比拟的优势,可极大地减少外部条件的限制,提升实验教学的水平和效率[15];构建一个相对安全的虚拟"真实"环境,减少部分专业实践存在的潜在危险和伤害;同时还可解决实验室建设中场地、资金不足问题[16]。

虚拟仿真与真实体验相结合的实验教学方式,将数字仿真、虚拟实验和实体实验,紧密结合,自由搭建合理的典型实验项目,为学生提供各种科研实践的途径,吸引学生参与教师的科研项目,激励学生的学习动力和创新潜能。

建筑环境学虚实一体化实践教学平台建设,围绕理论教学内容,综合应用三维建模、传感器、数字化、智能化技术手段,增强现实—人机交互,既可完成对每个实验项目的展示,还可进一步探索不同实验项目间相互影响,以及对影响结果进行分析与评价。通过对基本内容的认识与感知,到复杂内容的设计与验证,最后实现对建筑环境总体评价与调控,由浅入深、分层次、多角度展示建筑环境学相关教学内容,从而提升实验教学项目的吸引力和有效性。

2. 科研平台反向支撑实验教学

专业特色科研平台通过科研反哺实验教学,以高素质人才培养作为实验教学的出发点与落脚点,将学科建设的成果转化为人才培养优势,促进实验教学与科学研究的紧密结合;从科研项目中提炼具有工程应用背景的专业实验,并培育原创性实验,持续提高设计性实验、创新性实验的比例。

第3章 室内热环境舒适性测试设计与案例

3.1 实验目的

(1) 结合建筑环境学中的热湿环境和人体对热湿环境的反应理论知识，了解人体对热湿环境反应的生理学和心理学基础，以及人体对稳态、动态热环境的反应。
(2) 熟悉建筑室内热环境舒适性测试中常用仪器的基本原理和操作方法。
(3) 掌握建筑室内热环境相关参数测试方法，以及满足人员热舒适性测试方案的制定。

3.2 实验测试内容

影响人体热舒适的因素有人体代谢率、空气温度、平均辐射温度、服装热阻、水蒸气分压力、风速、定向辐射热等。因此，在对建筑室内热环境舒适性进行测试评价时，所需测试参数包括空气干球温度、空气相对湿度、空气流速、黑球温度等，同时还可以辅助问卷调查对室内热舒适性进行主观评价。

3.3 实验测试仪器

建筑室内热环境测试仪器性能的基本要求应符合表3-1的规定。

表3-1 建筑室内热环境测试仪器性能的基本要求

测量参数	测试仪器	量程	测试精度
空气干球温度	手持式温湿度计/温湿度自记仪	$-10\sim50℃$	$\pm0.5℃$ 热响应时间不应大于90 s
空气相对湿度	手持式温湿度计/温湿度自记仪	$10\%\sim100\%$	$\pm5\%$
空气流速	热式风速仪/叶轮风速仪/万向风速仪	$0\sim5$ m/s	$\pm(0.05+5\%读数)$m/s
黑球温度	黑球温度计	$0\sim60℃$	$\pm0.5℃$
定向辐射热	辐射表	$-2\sim2$ kW/m^2	$\pm5\%$
表面温度	温度计	$-10\sim60℃$	$\pm1℃$

注：空气流速的测试精度应确保在任意风向下满足规定要求，且0.9倍的响应时间不应大于0.5 s。

3.4 实验测试方法及注意事项

3.4.1 测点布置

1. 测点数量布置规则

空气干球温度、空气相对湿度、空气流速、黑球温度和定向辐射热的测点布置应符合《建筑热环境测试方法标准》JGJ/T 347 的相关规定,具体如下:

(1) 当房间面积小于 16 m^2 时,应在房间平面对角线交点处布点。

(2) 当房间面积大于等于 16 m^2 但小于 30 m^2 时,应取房间平面最长的对角线作为布点定位线,并应在其三等分点处布点。

(3) 当房间面积大于等于 30 m^2 但小于 60 m^2 时,应取房间平面最长的对角线作为布点定位线,并应在其四等分点处布点。

(4) 当房间面积大于等于 60 m^2 时,应取房间平面的两条对角线作为布点定位线,并应在其交点和三等分点处布点。

表面温度的测点布置应符合《建筑热环境测试方法标准》JGJ/T 347 的相关规定,具体如下:

(1) 当测试地板的表面温度时,应以地板的垂直投影点为测点;当测点处的地板有覆盖物时,测点应布置在覆盖物的表面。

(2) 当测试屋顶的表面温度时,应以屋顶的垂直投影点为测点;当测点处的屋顶有吊棚时,测点应布置在吊棚的表面。

(3) 当测试墙体的表面温度时,应在墙体的主要传热部位选择代表性的点为测点。

(4) 当测试门窗和天窗的表面温度时,应在门窗或天窗中心区域的透明部位布置测点;当测点处的门窗或天窗室内侧有遮阳装置时,测点应布置在遮阳装置的表面。

2. 测点高度要求

空气干球温度和空气流速的测点布置高度应满足《建筑热环境测试方法标准》JGJ/T 347 的要求,具体按表 3-2 选取。

表 3-2 空气干球温度和空气流速的测点布置高度

坐姿(m)	站姿(m)	对应人体部位
1.10	1.70	头部
0.60	1.10	腹部
0.10	0.10	脚踝

空气相对湿度、黑球温度和定向辐射热的测点布置高度,坐姿应取 0.6 m,站姿应取 1.1 m。

3.4.2 测试注意事项

1. 空气干球温度的测试

空气干球温度宜采用热电偶、铂电阻、热敏电阻的数字式温度计或水银温度计进行测量。温度计的测头应设置辐射热防护罩。辐射热防护罩应符合下列规定:

(1) 辐射热防护罩应为两端开口的圆筒,圆筒的内径尺寸应满足当圆筒内置入测头时的通风过流面积不小于圆筒内径面积的 50%,圆筒长度应为其内径的 2~4 倍。

(2) 辐射热防护罩内、外表面应采用半球发射率不大于 0.04,且太阳辐射吸收系数不大于 0.15 的光面金属箔。

(3) 测量时,应将测头置于辐射热防护罩中部,辐射热防护罩的开口不得朝向房间的冷热源。

(4) 当采用水银温度计测量时,尚应符合《公共场所空气温度测定方法》GB/T 18204.13 的有关规定。

2. 空气相对湿度的测试

空气相对湿度宜采用通风干湿球温度计、露点湿度计或电子式湿度计进行测量。

(1) 当采用通风干湿球温度计测量时,应注意以下要求:

① 应采用符合《气象用湿球纱布》QX/T 35 要求的纱布完全包裹测头并固定,纱布包裹层数应为 2~3 层,纱布下端应浸入蒸馏水水壶,测头至壶口的距离应为 30~50 mm。

② 测头应设置辐射热防护罩,辐射热防护罩应符合相关规定。

③ 辐射热防护罩内应设置强制通风装置,罩内过流风速不应低于 2.5 m/s。

④ 测量时,辐射热防护罩的开口不得朝向房间的冷热源。

(2) 当采用通风干湿球温度计测量时,辐射防护罩的强制通风不得对附近的空气流速测试产生干扰。

(3) 当采用露点湿度计或电子式湿度计测量时,应符合《湿度测量方法》GB/T 11605 的有关规定。

3. 空气流速的测试

(1) 空气流速宜采用热电风速计进行测量。

(2) 当使用有方向性的风速计时,应保证测头正对来流方向。

(3) 测量时,每次数据记录应连续读数 3 min,读数的时间间隔不应大于 0.5 s。

(4) 测量应避免人员或其他测试仪器对测点附近的气流产生干扰。

4. 黑球温度的测试

(1) 黑球温度应采用黑球温度计进行测量。

(2) 当测点处有太阳直射时,应采用球体外表面太阳辐射吸收系数为 0.65~0.75 且直径为 40~50 mm 的黑球温度计。

(3) 测量时,应避免测点附近人员或其他测试仪器产生的风速或辐射热干扰。

5. 定向辐射热的测试

定向辐射热应采用辐射热计进行测量。每处测点应测量上下、前后、左右共 6 个方向的定向辐射热。各方向的定向方法应符合下列规定:

(1) 当确定上下方向时,应将辐射热计水平放置,并应以测头面向上者为"上",测头面向下者为"下"。

(2) 当确定前后或左右方向时,应将辐射热计竖直放置,按顺时针方向旋转并每隔 15° 读取辐射热值。应将辐射热值的绝对值最大者对应的方向定为"前",其相反的方向定为"后",其逆时针旋转 90° 的方向定为"左",其顺时针旋转 90° 的方向定为"右"。

测量时,应避免测点附近人员或其他测试仪器产生的辐射热干扰。

6. 表面温度的测试

表面温度宜采用热电偶、铂电阻或热敏电阻的数字式温度计进行测量。

(1) 当测试非透明表面的表面温度时,应符合下列规定:

① 应对测头及其引出的 80~100 mm 长导线做绝缘处理。

② 应将测头及其引出的 80~100 mm 长导线埋入或贴附于被测表面。当采用埋入做法时,埋入深度不应大于 1.0 mm,并应保证测头和导线与表面紧密接触;当采用贴附做法时,应确保测头和导线与被测表面粘贴密实,粘贴面不应残留气泡。

③ 应对布置测头和导线的部位做表面处理,应使该表面的发射率与被测表面的发射率相差不大于 10%。

(2) 当测试透明表面温度时,应符合下列规定:

① 应采用热电偶测试,测头直径不应大于 1.0 mm,引出导线直径不应大于 0.3 mm。

② 应对热电偶测头及其引出的 80~100 mm 长导线做绝缘处理。

③ 应采用透明材料将测头和导线与被测表面粘贴密实,粘贴面不应残留气泡。

7. 问卷调查

在对建筑室内热环境舒适性进行评价时,需要辅助问卷对人员的热感觉进行调查。问卷内容应包括受试人员的基本信息,以及对热环境感觉评价等内容。对室内热环境进行主观评价,可与客观的预计平均热感觉指数(PMV)、预计不满意率(PPD)指标进行对比。

3.5 实验数据记录与处理

3.5.1 数据记录

实验数据记录表格如表 3-3 所示。

表 3-3 建筑热环境现场测量记录表

测量房间				测量日期	
				测量时间	
测点布置					
仪器名称				仪器编号	
测点位置	参数	单位	实测数据		平均值
1					
2					
3					
4					
5					
6					

3.5.2 数据处理

1. 空气干球温度的数据处理

空气干球温度的数据处理应符合下列规定：

（1）某测点的逐时刻空气干球温度应取该测点在测量时段上各时刻的记录数据。

（2）某测点的空气干球温度应为该测点在测量时段上逐时刻空气干球温度平均值。

（3）房间某测量高度的空气干球温度应为该测量高度上各测点的空气干球温度平均值。

（4）房间的空气干球温度应为房间各测量高度的空气干球温度平均值。

2. 空气相对湿度的数据处理

空气相对湿度的数据处理应符合下列规定：

（1）某测点逐时刻空气相对湿度应取该测点在测量时段上各时刻的记录数据。

（2）当采用通风干湿球温度计测量时，某测点逐时刻相对湿度应按式(3-1)—式(3-3)计算。

$$\varphi = \frac{P_{q,b}(t_s) - A(t_a - t_s)B}{P_{q,b}(t_a)} \times 100\% \tag{3-1}$$

$$P_{q,b}(t_a) = \exp\begin{bmatrix} \dfrac{-5\,800.220\,6}{t_a + 273} + 1.391\,499\,3 - 0.048\,602\,39 \\ (t_a + 273) + 0.417\,647\,68 \times 10^{-4}(t_a + 273)^2 - \\ 0.144\,520\,93 \times 10^{-7}(t_a + 273)^3 + \\ 6.545\,967\,3\ln(t_a + 273) \end{bmatrix} \tag{3-2}$$

$$P_{q,b}(t_s) = \exp\begin{bmatrix} \dfrac{-5\,800.220\,6}{t_s + 273} + 1.391\,499\,3 - 0.048\,602\,39 \\ (t_s + 273) + 0.417\,647\,68 \times 10^{-4}(t_s + 273)^2 - \\ 0.144\,520\,93 \times 10^{-7}(t_s + 273)^3 + \\ 6.545\,967\,3\ln(t_s + 273) \end{bmatrix} \tag{3-3}$$

式中，φ——某测点的逐时刻空气相对湿度(%)；

t_a——该测点某时刻的空气干球温度(℃)；

t_s——该测点某时刻的空气湿球温度(℃)；

$P_{q,b}(t_a)$——对应于 t_a 的饱和水蒸气压力(Pa)；

$P_{q,b}(t_s)$——对应于 t_s 的饱和水蒸气压力(Pa)；

A——温度计系数，取 0.000 677。

(3) 某测点的空气相对湿度应为该测点在测试时段上逐时刻空气相对湿度的平均值。

(4) 房间的空气相对湿度应为房间各测点的空气相对湿度平均值。

3. 空气流速的数据处理

空气流速的数据处理应符合下列规定：

(1) 某测点的逐时刻空气流速应按式(3-4)计算。

$$v_a = \frac{1}{n}\sum_{i=1}^{n} v_{ai} \tag{3-4}$$

式中，v_a——某测点的逐时刻空气流速(m/s)；

v_{ai}——该测点某时刻的第 i 个空气流速的读数(m/s)；

n——该测点某时刻的连续读数的个数。

(2) 某测点的空气流速应为该测点在测量时段上逐时刻空气流速的平均值。

(3) 房间某测量高度的空气流速应为该测量高度上各测点的空气流速平均值。

(4) 房间的空气流速应为房间各测量高度的空气流速平均值。

4. 表面温度的数据处理

表面温度的数据处理应符合下列规定：

(1) 应按地板表面温度、屋顶表面温度、墙体表面温度、门窗或天窗表面温度分别进行数据处理。

(2) 某表面某测点的逐时刻表面温度应取测量时段上各时刻的表面温度记录数据。

(3) 某表面某测点的表面温度应为该测点在测量时段上逐时刻表面温度的平均值。

(4) 房间某表面的表面温度应为房间该表面各测点的表面温度平均值。

5. 其他

其他数据处理应符合下列规定：

(1) 某测点的逐时刻黑球温度应取测量时段上该测点各时刻的黑球温度记录值。

(2) 某测点某方向的逐时刻定向辐射热应取测量时段上该测点该方向的各时刻的定向辐射热记录值。

3.6 典型案例分析

3.6.1 实验目的

本案例主要是在人工气候实验室对环境进行测试，并辅助问卷调查完成人体热舒适性和生理机能状态分析。

通过本实验观察在不同热环境下人体处于热调节过程中和热平衡状态时的多种生理指标、主观热舒适性及工效指标的变化，分析探讨热舒适与生理指标的相关性，筛选能够反映主观热舒适性较为敏感的生理指标。

通过本实验加强对热舒适领域相关知识概念的理解和认识，培养整合数据和分析数据的能力。通过联系课本和文献中的相关知识，解决实验中所遇到的问题，锻炼分析问题的能力。

3.6.2 实验方案

1. 实验方法

1) 热舒适投票

本实验采用热舒适常用研究方法，招募受试者，在人工气候实验室中，通过对气候室工况条件的设置，让受试者在不同的环境条件下进行热舒适投票，并对他们的热舒适度、热感觉和满意度进行统计。

(1) 受试对象

① 健康男性青年，18～30 岁，本科及以上学历，右利手。统一着装（短袖 T 恤衫、长裤），服装热阻约为 0.6 clo。

② 每名受试者分别进行 3 次测试（热调节测试 2 次、冷调节测试 1 次），每次测试完成 2 种不同温度工况的实验。

(2) 实验工况分组

① 实验中涉及 6 种温度工况,分为 3 组实施,即热调节Ⅰ组、热调节Ⅱ组和冷调节组,分别简称为 A 组、B 组和 C 组。每组按顺序进行 2 种温度工况的实验。

② 热调节Ⅰ组(A 组):26℃,30℃;

③ 热调节Ⅱ组(B 组):28℃,34℃;

④ 冷调节组(C 组):23℃,20℃;

⑤ 为使受试者机体达到热平衡状态,在每种温度工况下的实验时间不短于 60 min。

(3) 热舒适投票

① 热感觉(-3~0~+3) 冷—中性—热;

② 热舒适度(-3~0) 不舒适—舒适;

③ 满意度(-1~0~+1) 不满意—满意。

2) 生理指标测量

在传统热舒适投票的基础上,本实验添加了生理指标的测量,最终所测量的生理指标包括皮温、能量代谢率、心率变异性、脑电图、交感皮肤神经反应性、呼吸波谱、工效测试。

本次实验与某研究所一起进行,所测生理指标较多,并且以医学上与人的热调节有关的生理指标为主。本次实验中主要分析的是皮温与代谢率和热舒适的关系。

2. 实验流程图

实验流程如图 3-1 所示。

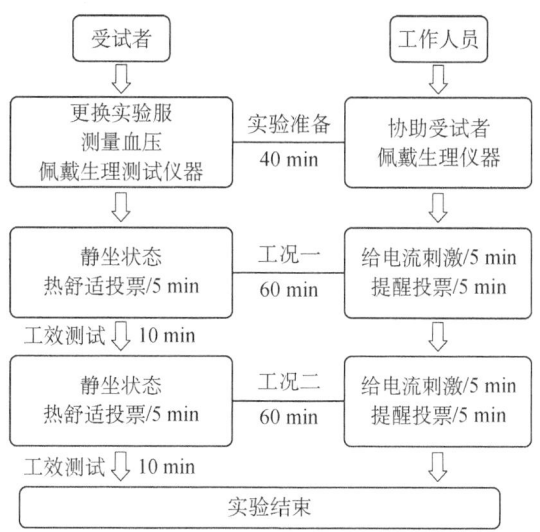

图 3-1 实验流程

在实验过程中,操作者可以在气候室外透过一面玻璃观察受试者的实验状态,并且通过电脑对受试者的生理指标和环境参数进行实时监测。两次工况进行之前,都必须对实验工况条件进行设置,以保证受试者接受测试的稳态热环境。第一次工况调节在受试者进入实验室前,第二次工况调节在受试者完成第一次测试后,两个工况之间的实际间隔时间要大于 10 min。

3. 仪器及使用说明

运动心肺功能仪和温度感受器分别用于测量代谢率和温度感受,测量的数据通过专门的仪器将数据传入计算机中,即图 3-2 f)中呼吸交换率监测界面。通过该界面,操作者可以对受试者的生理指标进行实时监测。

 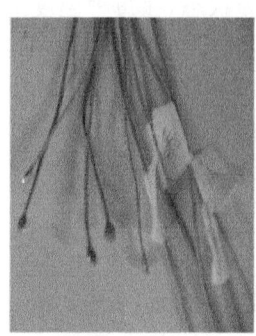 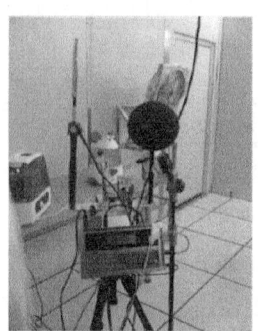

a) 运动心肺功能仪　　　　b) 温度感受器　　　　c) 环境参数监测

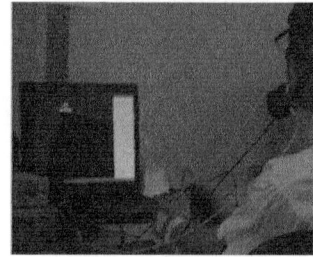  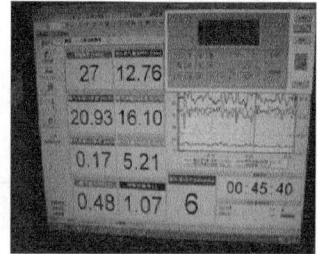

d) 受试者进行工效测试　　　e) 主控制箱　　　　f) 呼吸交换率监测界面

图 3-2　测试现场

气候室的工况条件主要由主控制箱进行调节。

4. 预实验和正式实验

实验正式开始之前先进行预实验,具体实验进程如图 3-3 所示。

	预实验	正式实验
➢ 实验时间	5月16日—5月23日	5月31日—7月1日
➢ 受试者	5名受试者参与	17名受试者参与
➢ 实验次数	5次预实验	51次正式实验
➢ 工况条件	8个实验工况	6个实验工况
➢ 操作者	☐	☐
➢ 增加指标	☐	脑电、直肠温度

图 3-3　实验进程

5. 补充说明

进行预实验是为了在正式实验开始之前对整个实验的过程进行模拟,以便提早对实验中可能遇到的问题进行分析,提出解决方案,为正式实验做好准备。

在预实验的过程中,由于实验工况条件不够稳定,加之对一些工况做了临时的调节,因此预实验中实际工况条件要多于实验计划中设置的工况条件。

3.6.3 实验数据分析

1. 分析思路

1) 皮温

采用额、胸、手背、大腿、小腿五个测点的局部皮温。

平均皮温和热舒适的关系,即平均皮温 = 0.07 额 + 0.5 胸 + 0.05 手背 + 0.18 大腿 + 0.2 小腿。

2) 代谢率

分析代谢率和热舒适的关系、代谢率单位的判定。

通过本实验对不同单位的代谢率进行分析,探究哪一种单位更具科学性。

2. 热舒适投票

对生理指标和主观投票的数据进行统计,再分析它们之间的相关性。代谢率的分析主要采用预实验的数据,而其余分析则采用正式实验的数据。

稳态热环境下,热舒适度和热感觉呈二次曲线的关系,最高点大致出现在热感觉为 0 点位置,如图 3-4 所示。

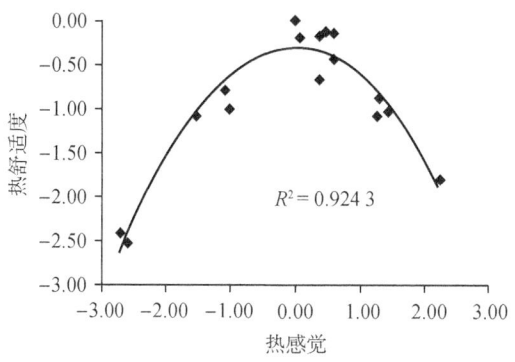

图 3-4 热舒适度和热感觉的关系图

热舒适和热感觉有分离的现象,舒适和中性之间不能画上等号,但是这种分离的现象主要是针对动态热环境而言的。从这里可以看出,稳态热环境分析和动态热环境分析存在一定差异。

3. 平均皮温和热舒适度关系

热舒适度和平均皮温呈现二次曲线的关系,并且热舒适度的最高点出现在 34℃ 左右,如图 3-5 所示。34℃ 正是皮肤在中性状态下的温度,从这里也可以说明稳态下热中性和热舒适的对应关系。

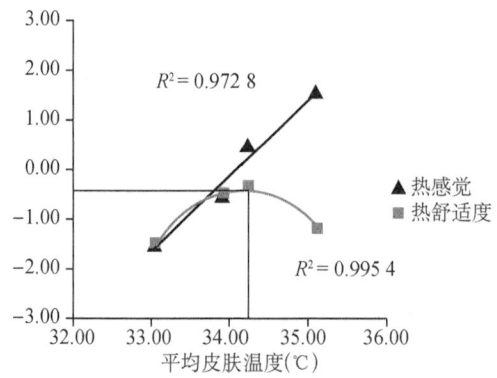

图 3-5 平均皮温和热舒适度关系图

4. 局部皮温分布

身体不同部位温度分布如图 3-6 所示。

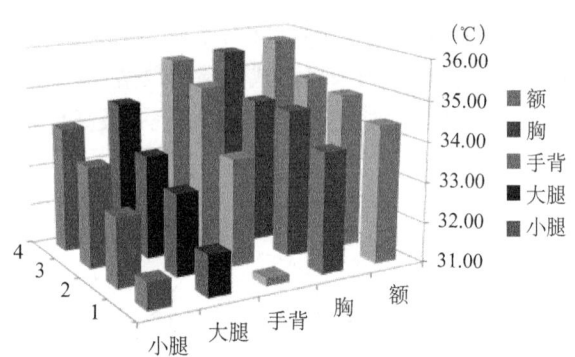

图 3-6 身体不同部位温度分布

图 3-6 中 1~4 分别代表 20℃、23℃、28℃、34℃ 四个实验工况。从小腿到额局部皮温呈现出垂直分布的趋势,肢端温度低于躯干温度,手背的温度变化范围比较大,额和胸的温度变化范围比较小。

5. 代谢率与热舒适度

代谢率与热舒适度之间的关系如图 3-7 所示。

稳态下,热舒适度和代谢率呈二次曲线的关系,并且最高热舒适度出现在 1 met 左右。图 3-7 中,以 met 为单位时,代谢率和热舒适度的决定系数 R^2 的值更大,拟合关系更好。

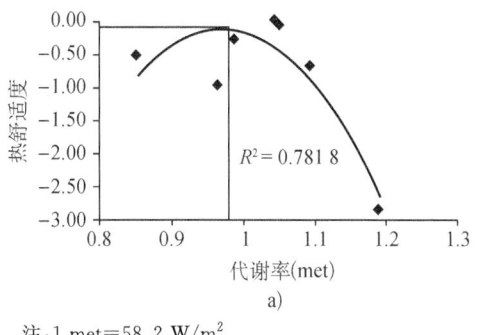
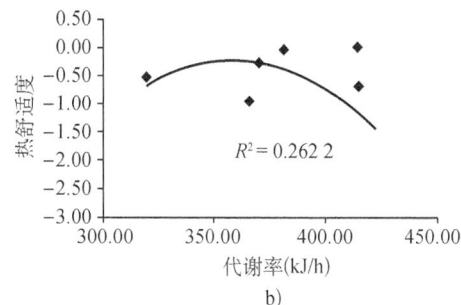

注：1 met＝58.2 W/m²

图 3-7　不同单位下代谢率与热舒适度之间的关系

6. 代谢率与环境温度

代谢率与环境温度之间的关系如图 3-8 所示。

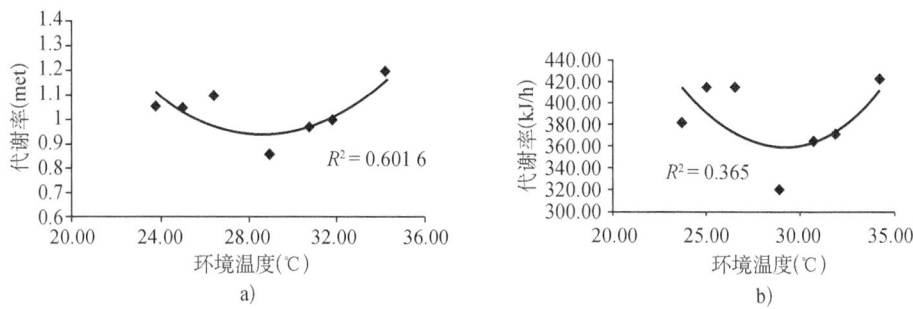

图 3-8　不同单位下代谢率与环境温度之间的关系

从图 3-8 中可以看出，环境温度较高时，由于机体核心温度升高，导致代谢率升高；环境温度较低时，机体产热增加以补充散失的热量，以维持机体的体温恒定，代谢率也会升高。在一个偏中性的环境中，代谢率最低。以 met 为单位的代谢率与环境温度的拟合关系更好。

7. 环境温度与热感觉

环境温度与热感觉之间的关系如图 3-9 所示。

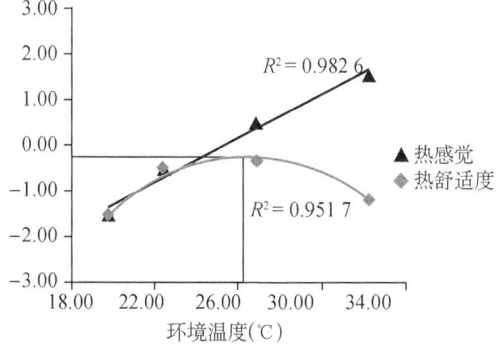

图 3-9　环境温度与热感觉之间的关系

热舒适度和生理指标都是基于环境温度的变化而变化的。在稳态条件下,热舒适度和环境温度呈二次曲线的关系,并且在环境温度为 27℃时热舒适度达到最高值。

3.6.4 实验结论

1. 实验结论汇总

(1) 在生理指标和热舒适度方面,稳态环境下,平均皮温 34℃,代谢率为 1 met 时,人的热舒适度相对较高。

(2) 与没有除以皮肤面积的代谢率相比,单位皮肤面积的代谢率更具有代表性,后者在反映人的热感觉和环境温度的影响时更为准确。以 met 为单位的代谢率还可以给它赋予比较明确的物理意义,比如课本中 1 met 表示成年男子在静坐时的代谢率。对于高于 1 met 和低于 1 met 的代谢率都可以与不同活动强度相联系,从而更有利于加深人们对于代谢率的直观认识。

(3) 局部皮温表现出肢端温度低于躯干温度的特点。手背的温度对于环境温度的变化更为敏感,在环境温度发生变化的时候,手背的温度变化范围较大,可从一个侧面反映手对于不同温度的耐受性更强。在国内外测量人对偏冷环境的耐受性的时候,也常常会用手来做实验,这也可以从一定程度上说明手的耐受性比较强。

(4) 最舒适环境温度大概在 27℃左右。因此,在稳态空调环境温度进行设定的时候,可以将房间的温度调得稍微高一点,可以同时达到舒适和节能的目的。

2. 实验过程中存在问题

(1) 预实验中胸的温度较高。推断由于佩戴心肺功能仪,导致受试者胸部的服装热阻过大,使得胸的温度高于正常值。在正式实验的时候根据预实验的推测,在测胸温的时候没有让受试者佩戴心肺功能仪,所得的皮温中,胸的温度果然降了下来。

(2) 预实验中 34℃工况下皮温低于 32℃工况。推断到 34℃的时候,环境温度过高,机体潜热散热的比重逐渐增多,受试者出汗导致皮温的降低。

(3) 在实验中招募不同的受试者进行实验,不同受试者的个体差异性(如身体状态、适应性、对热感觉和热舒适的主观把握、生理仪器的佩戴等)必然会对实验的结果造成不同程度的影响。

(4) 实验工况数较少。由于实验时间和条件有限,本次实验设置了 6 个工况,涵盖了从 20℃到 34℃,也即涵盖了从冷调节工况到热调节工况的温度范围,但是所能提供的实验点还是比较稀疏,导致数据分析的时候拟合出来的曲线不能足够客观地反映总体的情况。为了消除个体差异性而对同一工况下的个体数据取平均后,所得的数据点和工况数相等。分析得知,工况数的有限会对实验结果的可靠程度造成影响,但仍旧可以从一定程度上反映一些问题,可定性地去认识生理指标和热舒适的关系。

3. 实验小结

本次实验中,通过对预实验部分的参与,了解了热舒适实验的基本设计方案,认识了从工况调节到生理指标的监测各个环节的操作步骤,对实验有了更加清晰的认识。在学习建环课本上热舒适数据来源的时候,也能够有更加深刻的体会。在实验中收获最大的除了对于不同知识概念的联系有了更加深刻的认识之外,通过对实验数据的整合和处理,也增强了分析数据的能力。

就实验本身而言,无论得到的结论是否符合我们的经验,都需要联系不同的知识点加以判断分析,这样才能加深对建环这门课程的了解,这也正是参与实验本身的意义所在。

3.7 其他案例简介

与本实验项目相关的其他测试内容如表 3-4 所示。

表 3-4 其他测试

序号	题目	简介
1	空调房间的设定温度与实际温度的关系分析	通过对一栋办公楼的大量室内环境数据进行分析,探究不同空间的人群的室内温度设定习惯,及其与室外温度、室内环境温度的关系,进而探讨考虑多种因素下不同功能空间的室内温度设定策略
2	人步行过程中与短暂停留期间,风速对温度的补偿关系研究	本实验旨在探究人步行过程中与短暂停留期间,风速对温度的补偿关系。通过人工气候室实验,了解人在步行过程中对风速的感知,以及主客观参数的动态变化规律,从而获得在夏季工况下步行过程中风速对温度的补偿关系及人在短暂停留过程中风速对温度的补偿关系
3	偏热环境中凉席寝具的热舒适作用探究	展开人工气候室受试者实验,在 23℃、26℃和 29℃三种环境温度下,下垫面分别铺设纯棉床单或竹制凉席,受试者模拟躺下-仰卧过程,收集该过程中的热舒适主观投票及皮肤温度与接触热流。研究旨在对不同环境温度下凉席的热舒适作用进行量化,并根据接触皮温和接触热流的测量结果尝试揭示作用机理
4	不同类型脑力活动对人体代谢率及中性温度的影响研究	1) 从日常生活中抽象并定义一系列具有不同脑力活动强度的标准实验活动。 2) 生理上:提出并测定描述该脑力劳动强度的关键生理参数,除代谢率外,还考虑心率、脑电等;主观需求上:给予受试者调节室内温度的能力,测定中性温度。 3) 探究性别、年龄、专注程度、个人能力、压力水平等对代谢率及环境温度偏好的可能影响。 4) 研究皮温、心率与代谢率在脑力活动时的关联性,探究降温手环在该场景中的应用
5	人体不同冷热条件下生理参数测量与人体热舒适温度研究	展开人工气候室实验,召集受试者分别在 24℃、25℃、26℃、27℃ 和 28℃情况下填写热舒适问卷,并测量各环境中受试者的皮肤温度以及出汗量,了解人在不同冷热条件下生理参数的情况,由此分析人的舒适温度以及差异

(续表)

序号	题目	简介
6	不同空调末端办公空间现场测试热舒适比较研究	使用室内环境测试仪器对不同工况下室内环境进行测试,与此同时,进行主观问卷调研。分析送风空调末端和辐射空调末端条件下的办公空间中,人体整体及局部热舒适表现差异,并尝试分析产生的原因
7	西北农村窑居建筑冬季室内热环境综合改善方案研究	根据西北农村窑居建筑特点和当地居民需求,进行其冬季室内热环境综合改善方案的研究。具体题目设置如下:低温空气源热泵热风机对窑洞冬季室内热环境改善效果研究;增设保温对窑洞利用热风机取暖时室内热环境的改善效果研究;窑洞利用热风机取暖时在不同条件下的节能效果研究
8	生物质热风采暖模式下农宅室内温度及风速分布研究	选取典型农宅安装生物质颗粒燃料热风采暖炉,利用送风管道将热风送至采暖房间,测量室内温湿度及风速分布情况。本实验旨在对农宅采用生物质颗粒燃料热风采暖时的冬季室内热环境营造效果进行测试和评价
9	散热器与火炕耦合运行对农宅室内热环境的影响研究	选取一户典型农宅安装生物质两用炉具,同时对散热器、火炕的散热特性以及室内温度变化情况等进行测试。本实验旨在对农宅室内同时采用散热器及火炕作为采暖末端时的室内热环境状况进行测试和评价,以期更好地指导农宅室内热环境的改善
10	夏热冬冷地区住宅冬季热环境探究	在夏热冬冷地区住宅内安装温湿度自记仪,并定期收集问卷,调查室内温度情况及热适应行为调节情况,并进行热舒适分析
11	人群密度影响下大空间的垂直温度梯度探究	在建筑馆三层、五层分别进行温度梯度测量实验,同时基于 CFD 仿真模拟等方法进行理论分析,验证不同层高、不同人群密度下建筑垂直方向上的温度分布的定量规律,以此来指导大空间的建筑划分
12	不同语言对热感觉标度的差异研究	通过问卷调查+环境参数测量的形式,结合已有数据库,了解不同环境下不同语言的人对于热感觉七点标度是否存在由于文化和冷热环境导致的差异,了解《建筑环境学》中对中文热感觉标度不采用直译的原因
13	个体舒适系统(PCS)的矫正能力测定研究	现有 PCS 设备形式多样,有必要对其进行统一的性能评估,矫正能力是度量各种类型的 PCS 热舒适改善效果的指标。本实验旨在通过开展基于暖体假人的气候室实验,对多种常见 PCS 的矫正能力进行测定,以期指导未来的建筑环境营造
14	中高活动强度下人体热舒适参数测定	利用中国热舒适数据库,简单分析不同代谢率水平下的热舒适差异;招募受试者,测试公共建筑中常见的典型中高活动状态下的生理参数;利用暖体假人模拟人体步行过程,测试步行阶段对流换热系数和服装热阻
15	基于暖体假人的加热服服装热阻分析	本实验旨在探究加热服在不同外温、加热温度、加热模式下的服装热阻差异。具体内容如下:阅读文献,了解人体与环境的换热过程、服装热阻的测试方法;学习暖体假人及加热服的使用方法;利用暖体假人及加热服进行人工气候室实验;数据分析

第 3 章 室内热环境舒适性测试设计与案例

(续表)

序号	题目	简介
16	睡眠环境人员舒适度影响研究	利用温湿度自记仪记录寝室夜间的温湿度变化(其他设备如照度计等测量其他相关环境参数),同时利用腕带与头带监测睡眠中的人的生理参数,对相关环境参数对睡眠舒适度的影响做定性分析,旨在探究不同环境因素对人夜间睡眠舒适度的影响
17	新型对流辐射末端"部分时间、局部空间"环境营造分析	学习掌握基本室内热湿环境测试方法;分析新型对流辐射末端对建筑室内环境的营造效果。具体内容如下:测试已完成的新型对流辐射型供暖空调末端;对实验房间进行围护结构及气密性测试,并针对实验房间开展新末端上下送风与辐射营造效果分析
18	住宅建筑室内人员时空分布及热环境特征研究	通过现场测试,探究住宅建筑人员时空分布、室内热环境时空特征及二者间关系,为高效舒适热环境营造策略及技术开发提供基础;学习使用UWB定位设备;基于5户住宅现场测试数据,分析室内人员时空分布、建筑环境温湿度变化特征

第4章 建筑光环境测试设计与案例

4.1 实验目的

(1) 了解建筑室内光环境相关度量参数的性质,以及人工照明和自然采光的应用。
(2) 熟悉建筑室内光环境测试所用的设备和仪器。
(3) 掌握建筑室内光环境的基本测试方法和评价方法。

4.2 实验测试内容

根据测试目的和对象的不同,室内光环境测试包括天然采光光环境测试和人工照明光环境测试。天然采光最常用的评价指标就是采光系数,需要通过测试全阴天条件下,室内测点直接或间接接受天空扩散光所形成的水平照度与室内外同一时间不受遮挡的该天空半球的扩散光在水平面上产生的照度,然后计算采光系数。室内人工照明质量评价包括室内各点的照度、亮度、房间的照明功率密度,以及照明灯具的显色性、色温等。

4.3 实验测试仪器

建筑室内光环境测试仪器性能的基本要求应符合表4-1的规定。

表4-1 建筑室内光环境测试仪器性能的基本要求

测量参数	测试仪器	量程	测试精度
室内照度	照度计	$0.1 \sim 10^5$ lx	不宜低于1级
室内亮度	亮度计	$0.1 \sim 10^5$ cd/m^2	不宜低于1级
色温	光谱辐射计	波长范围:380~780 nm,测光重复性应在1%以内	A光源的颜色精度为±0.0015x,±0.0015y;波长精度为≤±2.0 nm;光谱带宽为≤8 nm;光谱测量间隔为≤5 nm
照明功率	功率表	—	不应低于1.5级
电压	电压表	—	不应低于1.0级

4.4 实验测试方法及注意事项

4.4.1 照度测试方法及注意事项

1. 照度测点选择

测量场地的尺寸,绘出平面图,根据《采光测量方法》GB/T 5699 选择采光测量中的照度测点,并将测点位置标记在平面图上,对测点进行编号并测试。每类房间或场所至少选取 1 个测点进行照度值测量。

(1) 室内照度测点平面布置,需根据测定场所打好网格,标定测点记号,一般室内为 2~4 m 正方形网格;对于小面积的房间可取 1 m 的正方形网格。走廊、过道、楼梯等处在长度方向中心线上按 1~2 m 间隔布点。

(2) 室内采光照度测量测点应位于建筑物典型剖面和假定工作面相交的位置,一般应选 2 个以上的典型横剖面。顶部采光时,可增测 2 个以上典型纵剖面,根据需要也可选室内代表区或整个室内等间距布点进行测量,测点间距一般为 2~4 m,对于小面积的房间可取 0.5~1 m 间距。

(3) 测点位置还可按采光口的布置选取,测点离墙或柱的距离为 0.5~1 m。单侧采光时,应在距内墙 1/4 进深处设 1 个测点;双侧采光时,应在横剖面中间设 1 个测点。

2. 注意事项

将照度计水平放置在测点处进行测量,每个测点测试 3 次,每隔 5~10 s 读一次数,读数前应将照度计曝光 2 min 以上。对于自然采光下的照度测量,需室内外同时进行读数。照度测量时,应注意以下事项:

(1) 操作人员应着深色衣服,并远离接收器,以防止对接收器产生遮挡和反射。

(2) 测量室内采光照度时,应熄灭人工照明;在测量人工照明照度时,要避免自然采光。

(3) 测量自然采光下的室内采光系数时,室外天空条件应选择全阴天。

(4) 自然采光照度测量应选在一天内照度相对稳定的时间内进行,一般选取当地时间 10:00—14:00。

(5) 测量时接收器应水平放置,或平放在实际工作面上。

(6) 建筑室内照明照度测量测点距离一般在 0.5~1 m 间选择,具体测量方法应满足《照明测量方法》GB/T 5700 的要求。

4.4.2 亮度测试方法及注意事项

1. 亮度测点选择

根据测量场地的尺寸,绘出平面图,根据《采光测量方法》GB/T 5699 选择采光部分的测点,并将测点位置标记在平面图上,对测点进行编号并测试。

(1) 采光部分的窗亮度测点可选择视觉作业最频繁的位置,也可根据采光口的位置确定。对于侧面采光,测量位置可沿窗中轴线向内墙方向均匀布置,且不宜少于3个;当侧面采光口为多个时,窗间墙的中轴线上也应布置点,且不宜少于3个。单侧采光时,应在窗(及窗间墙)中轴线上距窗对面内墙1 m处设1个测点。

(2) 采光部分的室内各表面亮度测点可选择视觉作业最频繁的位置,应选人眼经常注视的表面测量亮度。亮度测量应在各表面上均匀选取,被测面的平均亮度为各测点亮度的算术平均值。

(3) 照明部分的室内亮度计的放置高度以观察者的眼睛高度为宜,特殊场合应按实际要求确定。

2. 注意事项

使用亮度计对工作对象和周围背景亮度进行测量,应分别测量室内各表面的亮度,并记录工作对象的表面特征、入射光的方向及观察者的相对位置。每个测点测试3次,每隔5～10 s读一次数,读数前应将亮度计曝光2 min以上。最后,将记录好的数据进行处理。

采光部分测量窗亮度时,应对透过窗的天空、遮挡物、地面和窗框等分别进行测量,并估算它们所占的窗面积比。如透过窗所看到的各部分面积大时,应选择多点测量求其平均值。窗的平均亮度可通过天空、遮挡物和地面的亮度加权平均计算得到。

室内照明条件下的亮度测量应满足《照明测量方法》GB/T 5700的要求。

4.4.3 色温和显色指数测试方法及注意事项

(1) 采用光谱辐射计测量,每个场地测点的数量不应少于9个(住宅单个房间可不少于3个)。

(2) 采用分光型光谱(辐)亮度计和(漫射型)标准白板在照明现场测量照明光源颜色。将标准白板放置在测试工作面上,亮度计与白板形成45°角,测量白板亮度,读取光谱数据。将读取的白板亮度光谱数据用白板的光谱反射比数据进行修正后,再进行照明光源颜色参数计算。

(3) 测量同时监测电源电压,当偏离额定电压较大时,应进行修正。

(4) 照明现场的色温和显色指数测量应符合《照明光源颜色的测量方法》GB/T 7922的规定,计算应符合《光源显色性评价方法》GB/T 5702的规定。

(5) 测试过程中,应避免昼光对测量结果的影响,避免人员挡光,测试人员不应着颜色鲜艳的衣服(宜穿白、灰和深黑色衣物)。在检验报告中应注明测量结果是纯光源的颜色还是包括环境光的综合光色。

4.4.4 功率密度测试方法及注意事项

(1) 采用功率表测量房间内总的照明功率除以照明场所的面积,即得到功率密度。

(2) 测量时,每类房间或场所应至少抽取1个点进行功率密度值检测。

(3) 照明功率密度的测量与照度测量区域应相对应。

(4) 照明功率密度值检测应采用《照明测量方法》GB/T 5700中规定的检测方法。

4.5 实验数据记录与处理

4.5.1 采光系数测试数据与处理

(1) 全阴天采光测量结果应包括:测量场所名称;测量时的天空状况;测量高度和测点布置;仪器型号和编号;室内外照度和采光系数测量结果;测量日期、起止时间和测量人。

(2) 计算采光系数:采光系数的平均值应取典型剖面与假定工作面交线上各测点的算术平均值。

(3) 根据《建筑采光设计标准》GB 50033对该建筑的采光系数进行评价。

照度数据记录表见表4-2,采光系数记录表见表4-3。

表 4-2 照度数据记录表

测量人				测量日期	
				测量时间	
测量场所			测点布置		
仪器名称			仪器编号		
测点位置	参数	单位	实测数据		平均值
1					
2					
3					
…					

表 4-3 采光系数记录表

测量人				测量日期	
				测量时间	
测量场所			测点布置		
仪器名称			仪器编号		
室外无遮挡处照度(lx)					平均值

(续表)

测点位置	实测数据			平均值	采光系数(%)	采光系数平均值(%)
1						
2						
3						
…						

4.5.2 采光亮度测试数据及处理

(1) 亮度测量结果应包括：测量场所名称；测点位置及测点布置示意图；仪器型号和编号；灯具在观察者眼睛方向的亮度测量结果；灯具发光面积；灯具发光部分对观察者眼睛所形成的立体角；测量日期、起止时间和测量人。

(2) 绘制室内亮度分布图时，各表面亮度可直接标在室内的透视图上，也可标在拍摄的照片上，亮度比应是工作对象或窗的亮度与周围背景的亮度之比。

(3) 根据《建筑采光设计标准》GB 50033 附录 B 计算窗的不舒适眩光并评价。

亮度数据记录表见表 4-4。

表 4-4 亮度数据记录表

测量人				测量日期	
				测量时间	
测量位置			测点布置		
仪器名称			仪器编号		
测点位置	亮度	单位(cd/m²)	实测数据		平均值
1					
2					
3					
…					

4.5.3 照度测试数据及处理

(1) 照度测量结果应包括：测量场所名称；测量时的天空状况；测点位置及测点布置示意图；仪器型号和编号；室内各测点测量结果；测量日期、起止时间和测量人。

(2) 根据《建筑照明设计标准》GB 50034 附录 A 计算统一眩光值，并依据该标准对眩光值进行评价。

照度测量数据记录表见表 4-2。

4.5.4 色温和显色指数测试数据及处理

(1) 记录事项包括：被测光源名称、型号和厂家；测色仪器；光谱宽度和取样的波长间隔;标准光源种类及编号;说明用的是 CIE 1931 XYZ 标准色度系统,还是 CIE 1964 $X_{10}Y_{10}Z_{10}$ 标准色度系统;测试结果为 x、y 或 x_{10}、y_{10};LED 光源应注明是光源整体颜色还是基色颜色。

（2）根据《光源显色性评价方法》GB/T 5702 计算一般显色指数,根据《建筑照明设计标准》GB 50034 对其进行评价。

色温和显色指数数据记录表见表 4-5。

表 4-5 色温和显色指数数据记录表

场所名称		仪器名称			电压(V)	测前		环境温度		检验时间	
		规格型号				测后					
	测量点	1	2	3	4	5	6	7	8	9	10
	亮度值										
色度值	x										
	y										
	数据号										
	亮度值										
色坐标	x										
	y										
	数据号										

4.5.5 照明功率密度测试数据及处理

将照明场所总照明功率除以场所面积得出功率密度,根据《建筑照明设计标准》GB 50034 对照度和功率密度进行评价。

照明功率数据记录表见表 4-6。

表 4-6 照明功率数据记录表

测量人				测量日期	
电压(V)				测量时间	
测量位置			测点布置		
仪器名称				仪器编号	
测点位置	功率	单位(kW)	实测数据		平均值
1					
2					
3					
…					

4.6 典型案例分析

4.6.1 实验目的

本案例选取某高校教室进行照度、采光系数等现场测试。通过测试，熟悉照度、亮度等设备仪器的使用；掌握室内光环境的基本测试与评价方法，并对所测试的建筑室内光环境进行评价分析。

4.6.2 实验方案

依据本章第 4 节进行测点布置，室内照明照度测点选择采用中心布点法，将测量区域划分为矩形网格，在网格中心点测量照度。室内采光照度测量时测点应位于建筑物典型剖面和假定工作面相交的位置，工作面一般取距地面 0.8 m 高的水平面。一般应选 2 个以上的典型横剖面。顶部采光时，可增测 2 个以上典型纵剖面。根据需要也可选室内代表区或整个室内等间距布点进行测量。测点间距应符合《采光测量方法》GB/T 5699 的规定，具体见表 4-7。每个测点测试 3 次，每隔 10 s 读一次数（读数前应将照度计曝光 2 min 以上）。

表 4-7 测点间距

面积 $S(m^2)$	测点间距 $d(m)$	测点与墙或柱的距离 $d_q(m)$
≤20	0.5 或 1	$0.5 \leq d_q < 1$
20<S≤50	1 或 2	$1 \leq d_q < 2$
>50	2 或 4	$1 \leq d_q \leq 2$

选取照度、亮度、格尺等测量仪器，结合现场勘察情况，制订测试布点方案，然后进行现场测量。本案例测点布置方案如图 4-1 所示。

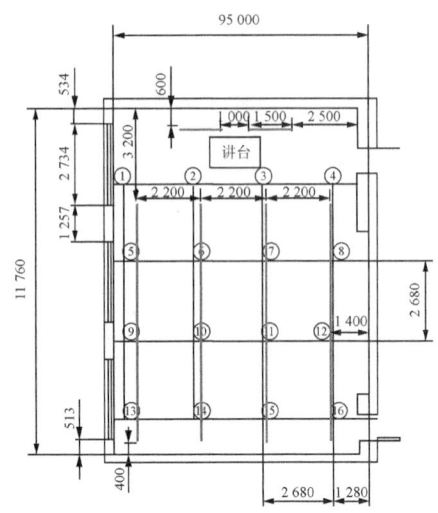

图 4-1 某教室照度测点布置

4.6.3 实验数据分析

(1) 对自然采光条件下的照度水平进行测量,测量结果见表 4-8。

表 4-8 自然采光条件下的照度测量数据记录表

测量人			×××		测量日期	2018.12.4
					测量时间	13:00
测量场所			教室 A108	测点布置	16 个测点,间距 2.2 m	
仪器名称			Digital Lux Meter	仪器编号	TES 1332	
测点位置	参数	单位	实测数据			平均值
1			356.0	370.0	380.0	368.7
2			104.8	101.2	101.9	102.6
3			43.6	43.2	43.4	43.4
4			27.5	27.3	27.7	27.5
5			537.0	538.0	532.0	535.7
6			98.0	97.8	97.3	97.7
7			65.9	65.2	63.8	65.0
8	照度	lx	36.7	36.5	35.7	36.3
9			54.1	53.6	55.2	54.3
10			69.9	73.6	74.2	72.6
11			54.3	53.3	53.6	53.7
12			46.1	45.8	39.5	43.8
13			130.0	134.0	133.0	132.3
14			30.3	29.8	29.9	30.0
15			13.3	14.8	14.4	14.2
16			10.8	11.4	10.3	10.8

(2) 对同一教室中的自然采光系数进行测量,测量结果见表 4-9。

表 4-9 采光系数记录表

测量人			×××		测量日期	2018.12.4
					测量时间	13:00
测量场所			教室 A108	测点布置	16 个测点,间距 2.2 m	
仪器名称			Digital Lux Meter	仪器编号	TES 1332	
室外无遮挡处照度(lx)	3 500	3 700	4 900	7 000	8 300	平均值
	8 700	8 500	8 300	7 800	7 000	7 942.9

(续表)

测点位置	实测数据			平均值	采光系数（%）	采光系数平均值(%)
1	356.0	370.0	380.0	368.7	4.64	
2	104.8	101.2	101.9	102.6	1.29	
3	43.6	43.2	43.4	43.4	0.55	
4	27.5	27.3	27.7	27.5	0.35	
5	537.0	538.0	532.0	535.7	6.74	
6	98.0	97.8	97.3	97.7	1.23	
7	65.9	65.2	63.8	65.0	0.82	
8	36.7	36.5	35.7	36.3	0.46	1.509 4
9	54.1	53.6	55.2	54.3	0.68	
10	69.9	73.6	74.2	72.6	0.91	
11	54.3	53.3	53.6	53.7	0.68	
12	46.1	45.8	39.5	43.8	0.55	
13	130.0	134.0	133.0	132.3	1.67	
14	30.3	29.8	29.9	30.0	0.38	
15	13.3	14.8	14.4	14.2	0.18	
16	10.8	11.4	10.3	10.8	0.14	

典型剖面的采光系数曲线如图4-2所示。

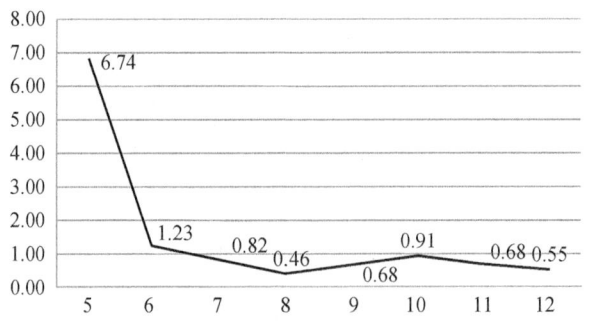

图4-2 典型剖面的采光系数曲线(%)

（3）对人工照明下的照度水平进行测量,测量结果见表4-10。

表 4-10 人工照明下的照度数据记录表

测量人	×××			测量日期	2018.12.4
				测量时间	14:00
测量场所	教室 A108			测点布置	16 个测点,间距 2.2 m
仪器名称	Digital Lux Meter			仪器编号	TES 1332
测点位置	参数	单位	实测数据		平均值
1			112.0	110.0	107.0	109.7
2			161.0	162.0	163.0	162.0
3			170.0	168.0	166.0	168.0
4			117.0	116.1	115.2	116.1
5			184.0	185.0	185.0	184.7
6			292.0	291.0	293.0	292.0
7			267.0	280.0	227.0	274.7
8	照度	lx	261.0	260.0	258.0	259.7
9			211.0	209.0	210.0	210.0
10			272.0	278.0	273.0	274.3
11			272.0	273.0	270.0	271.7
12			236.0	231.0	237.0	234.7
13			190.0	195.0	196.0	193.7
14			291.0	293.0	294.0	292.7
15			281.0	268.0	256.0	268.3
16			231.0	229.0	234.0	231.3

根据《建筑采光设计标准》GB 50023 可知不同参考面上的采光系数水平,见表 4-11。

表 4-11 各采光等级参考平面上的采光标准值

采光等级	侧面采光	
	采光系数标准值(%)	室内天然光照度标准值(lx)
Ⅰ	5	750
Ⅱ	4	600
Ⅲ	3	450
Ⅳ	2	300
Ⅴ	1	150

注:1. 工业建筑参考平面取距地面 1 m,民用建筑取距地面 0.75 m,公用场所取地面。
2. 表中所列采光系数标准值适用于我国Ⅲ类光气候区,采光系数标准值是按室外设计照度值 15 000 lx 制定的。
3. 采光标准的上限值不宜高于上一采光等级的级差,采光系数值不宜高于 7%。

教育类建筑采光、照明标准要求见表 4-12 和表 4-13。

表 4-12　教育建筑的采光标准值

采光等级	场所名称	侧面采光	
		采光系数标准值(%)	室内天然光照度标准值(lx)
Ⅲ	专用教室、实验室、阶梯教室、教师办公室	3.0	450
Ⅴ	走道、楼梯间、卫生间	1.0	150

表 4-13　教育建筑照明标准值

房间或场所	参考平面及其高度	照度标准值(lx)
教室、阅览室	课桌面	300
实验室	实验桌面	300
美术教室	桌面	500
多媒体教室	0.75 m 水平面	300
电子信息机房	0.75 m 水平面	500
计算机教室、电子阅览室	0.75 m 水平面	500
楼梯间	地面	100
教室黑板	黑板面	500*
学生宿舍	地面	150

注：* 指混合照明照度。

4.6.4　实验结论

将实验所测得的数据与标准值进行对比,可见除了靠近左侧窗户第 1、5、13 三个测点的照度满足设计标准的照度标准值外,其余测点所测得的照度值都低于标准值,最靠近右侧墙面的测点的照度值最低,与标准值相差较远。除了测点的照度值不符合标准外,在该教室所布置的测点上得到的采光系数也不符合设计标准值,只有第一个测点符合标准值,其余测点都低于标准值,甚至有些测点远低于标准值。由此可见,该教室采光设计并不符合设计标准,采光较弱,整体偏暗,需进行修改。

在不对教室结构进行改造的前提下,提出三点改善其光环境的建议。

(1) 由于在自然采光的情况下,教室内采光效果并不符合标准要求,所以需要结合人工照明的方法(即打开室内的灯)来提高室内的照度,但由于教室左侧靠窗户位置的照度在自然采光的情况下已符合设计标准的要求,为了节约能耗,靠窗户的灯管可以不打开,只打开靠右侧的三排灯管,提高照度,改善光环境。

(2) 经过平时的观察,很多教室窗户的窗帘都经常处于全关闭或半关闭的状态,原本教室的采光已经不符合采光设计标准,再加上窗帘的挡光效果,教室内的光环境更暗,更不利于教学或学习。因此,为了节约能耗,应使教室内的窗帘处于全打开的状态,以尽量提高教室内自然光照明的利用率。

(3)教室内人数不多的话,应尽量靠窗坐,这样就可以不用开灯,减少能耗。

4.7 其他案例简介

与本实验项目相关的其他测试内容如表 4-14 所示。

表 4-14 其他测试

序号	题目	简介
1	教室光环境对人员主观评价、视觉和工作效率影响的实验研究	以教室为实验地点,招募受试者,分别在未改造教室照明、改造教室恒定照明和改造教室动态照明三种条件下进行实验。探究在电脑学习场景下,教室照明改造前后以及采取恒定照明和动态照明两种方式,对学生满意度、视觉锐度、疲劳和工作效率等的影响
2	夜间蓝光暴露对不同年龄人群睡眠的影响	招募不同年龄群体的受试者,分别在夜间采取蓝光过滤措施和未采取蓝光过滤措施的两种情况下,统计睡眠数据,并进行显著性分析。探究在真实居住空间中,夜间采取蓝光过滤措施,对不同年龄受试者睡眠时长和睡眠质量的影响

第5章 建筑声环境测试设计与案例

5.1 实验目的

(1) 了解建筑声环境的基本知识,以及人体对声环境的反应原理与噪声评价。
(2) 熟悉建筑声环境测试所用的设备和仪器。
(3) 掌握建筑噪声的基本测试方法及评价方法。

5.2 实验测试内容

为检验室内噪声是否满足标准规定,对室内允许噪声级分为昼间标准、夜间标准的房间,如住宅中的卧室、旅馆的客房、医院的病房等,室内噪声级的测量分别在昼间(6:00—22:00)、夜间(22:00—6:00)两个不同时段内进行。对于室内允许噪声级为单一全天标准的房间,例如教室、办公室、诊室等,室内噪声级的测量在房间的使用时段内进行。室内允许噪声级一般采用 A 声级 L_{eq} 作为评价量,并依据《民用建筑隔声设计规范》GB 50118 进行现场测试。

5.3 实验测试仪器

噪声测试主要仪器为声级计,建筑声环境测试仪器性能的基本要求应符合表 5-1 的规定。

表 5-1 建筑声环境测试仪器性能的基本要求

测量参数	测试仪器	量程	测试精度
噪声	声级计	30~130 dB(A)	0.5 dB(A)

5.4 实验测试方法及注意事项

5.4.1 测试方法

(1) 对于住宅、学校、医院、旅馆、办公建筑及商业建筑中面积小于 30 m² 的房间,在被测房间内选取 1 个测点,测点应位于房间中央。

(2) 对于面积大于等于 30 m² 且小于 100 m² 的房间,选取 3 个测点,测点均匀分布在房间长方向的中心线上;房间平面为正方形时,测点应均匀分布在与窗面积最大的墙面平行的中心线上。

(3) 对于面积大于等于 100 m² 的房间,可根据具体情况,优化选取能代表该区域室内噪声水平的测点及测点数量。

(4) 测点布置应符合下列规定:测点距地面高度应为 1.2~1.6 m;测点距房间内各反射面的距离应大于等于 1 m;各测点之间的距离应大于等于 1.5 m;测点距房间内噪声源的距离应大于等于 1.5 m。

(5) 对于稳态噪声,在各测点处测量 5~10 s 的等效[连续 A 计权]声级,每个测点测量 3 次,并将各测点所有测量值进行能量平均,计算结果修约到个位数。

5.4.2 注意事项

(1) 室内噪声的测量应在昼间、夜间两个不同时段内,各选择较不利的时间进行。

(2) 测量室内噪声时,室内应无人(测试人员除外)。测量住宅、学校、旅馆、办公建筑及商业建筑的室内噪声时,应在关闭门窗的情况下进行。测量医院的室内噪声时,应关闭房间门并根据房间实际使用状态决定房间窗的开或关。

(3) 对于间歇性非稳态噪声的测量,测点数可为 1 个,测点应设在房间中央,在各测点处测量 10 min 的等效[连续 A 计权]声级。将各测点所有测量值进行能量平均,计算结果修约到个位数。

(4) 每次测量前后,应用校准器对测量系统进行校准,测量前、后标准示值偏差不得大于 0.5 dB。

(5) 当建筑物内部的水泵是影响室内噪声级的主要噪声源时,室内噪声级的测量应在水泵正常运行时,按稳态噪声的测量方法进行。

(6) 当建筑物内部的电梯是影响室内噪声级的主要噪声源时,室内噪声级的测量应在电梯正常运行时,测量电梯完成一个运行过程的等效[连续 A 计权]声级,被测运行过程是电梯噪声在室内产生较不利影响的运行过程。

5.5 实验数据记录与处理

5.5.1 实验数据记录

(1) 日期、时间、地点及测量人。
(2) 使用仪器型号、编号及其校准记录。
(3) 测量项目及测定结果。
(4) 测量依据的标准。
(5) 测点示意图。

(6) 声源及运行工况说明(如交通噪声测量的交通流量等)。

(7) 其他应记录的事项。

建筑声环境测量实验数据记录表见表 5-2。

表 5-2　建筑声环境测量实验数据记录表

测量人				测量日期	
				测量时间	
测量场所			测点布置		
仪器名称			仪器编号		
测点位置	参数	单位	实测数据		平均值
1					
2					
3					
…					

5.5.2　实验数据处理

各监测点位测量结果独立评价,以昼间等效声级 L_d 和夜间等效声级 L_n 作为评价各测点声环境质量是否达标的基本依据。一个功能区设有多个测点的,应按点次分别统计昼间和夜间的达标率。参数计算采用式(5-1)。

$$L_{eq} = 10\lg\left(\frac{1}{T}\int_0^T 10^{0.1L_A}\,dt\right) \tag{5-1}$$

式中,L_{eq}——规定测量时间 T 内 A 声级的能量平均值;

T——规定的测量时间段。

5.6　典型案例分析

5.6.1　实验目的

本案例以某高校图书馆室内外噪声测试为例,通过现场测试,熟悉噪声测试流程,并对室内外噪声环境进行评价。

5.6.2　实验方案

选择测试所需要的声级计,测量前后使用声校准器校准测量仪器的示值,偏差不得大于 0.5 dB,否则测量无效。根据本章第 5.4 节的测试方法,制订现场实验方案,进行现场测量。

1. 测点选择

室内外噪声测点选择采用本章第 5.4 节的规定。室内噪声测点布置如图 5-1 所示。

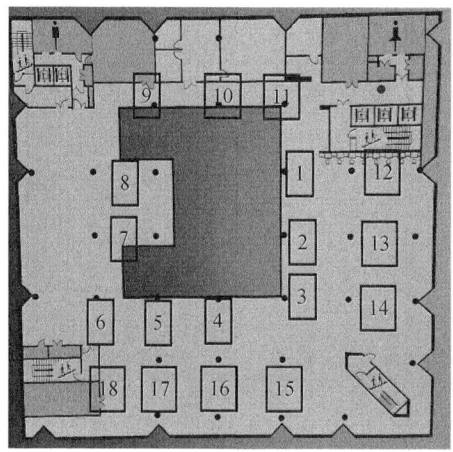

图 5-1 室内噪声测点布置图

2. 测试方法及注意事项

测试过程中,测试方法及注意事项应符合本章第 5.4 节的要求,选择测量场所,做好现场人员分工,确定测量日期与时间,准备好测试仪器。

5.6.3 实验数据分析

1. 室内噪声测试数据

室内噪声测量数据记录表见表 5-3。

表 5-3 室内噪声测量数据记录表　　　　　　　　　　单位:dB(A)

测量日期 测点	12月7日 昼 14:00— 15:00	12月7日 夜 22:00— 23:00	12月8日 昼(周末) 10:00— 11:00	12月8日 夜(周末) 22:00— 23:00	12月11日 昼 16:00— 17:00	12月11日 夜 22:00— 23:00	平均值
1	46.0	45.6	45.4	42.6	48.0	45.4	45.50
2	44.8	48.0	46.9	44.5	45.5	46.8	46.08
3	46.0	46.7	43.5	42.8	45.3	45.7	45.00
4	46.6	45.3	46.3	42.3	46.0	50.0	46.08
5	46.8	47.0	48.4	46.0	47.6	51.0	47.80
6	47.6	46.1	46.9	46.5	48.0	49.0	47.35
7	43.3	43.7	43.5	42.9	43.4	43.7	43.42

(续表)

测量日期 测点	12月7日昼 14:00—15:00	12月7日夜 22:00—23:00	12月8日昼(周末) 10:00—11:00	12月8日夜(周末) 22:00—23:00	12月11日昼 16:00—17:00	12月11日夜 22:00—23:00	平均值
8	43.0	43.4	43.2	41.8	43.2	44.0	43.10
9	40.6	42.2	43.0	38.9	43.1	43.0	41.80
10	44.0	44.6	44.5	41.3	46.0	46.8	44.53
11	47.5	46.5	45.6	43.5	48.5	46.0	46.27
12	42.6	44.3	45.6	40.9	41.8	42.5	42.95
13	43.6	47.7	44.9	41.6	42.0	43.6	43.90
14	42.0	44.4	42.2	39.7	41.4	44.8	42.42
15	44.7	42.2	43.9	39.8	43.4	42.4	42.73
16	46.4	45.3	45.8	41.4	45.5	48.3	45.45
17	49.5	47.1	46.8	47.7	49.5	48.2	48.13
18	56.5	53.7	52.2	54.0	56.9	55.9	54.87
平均值							45.41

由表5-3可知,图书馆建筑本楼层的噪声平均值为45.41 dB(A),测量过程中的噪声最大值为56.9 dB(A),最小值为38.9 dB(A)。对同一功能区的多个测点,按点次分别带入式(5-1)计算昼间和夜间的达标率,得到不同噪声级别指标值,见表5-4。

表5-4 不同时段噪声级 单位:dB(A)

测点	等效声级 L_{eq}	昼间等效声级 L_d	夜间等效声级 L_n	昼夜等效声级 L_{dn}
1	45.8	46.6	44.7	51.1
2	46.3	45.8	46.7	52.6
3	45.2	45.1	45.4	51.3
4	46.7	46.3	47.0	52.9
5	48.1	47.6	48.6	54.4
6	47.5	47.5	47.4	53.4
7	43.4	43.4	43.4	49.5
8	43.1	43.1	43.2	49.2
9	42.0	42.4	41.7	47.8
10	44.9	44.9	44.8	50.8
11	46.5	47.4	45.5	51.9
12	43.2	43.7	42.8	49.0

(续表)

测点	等效声级 L_{eq}	昼间等效声级 L_d	夜间等效声级 L_n	昼夜等效声级 L_{dn}
13	44.4	43.7	45.1	50.9
14	42.8	41.9	43.5	49.3
15	43.0	44.0	41.6	48.1
16	45.9	45.9	45.8	51.9
17	48.3	48.8	47.7	53.9
18	55.2	55.7	54.6	60.9
平均值	45.7	45.8	45.5	51.6

各类等效声级曲线如图 5-2 所示。

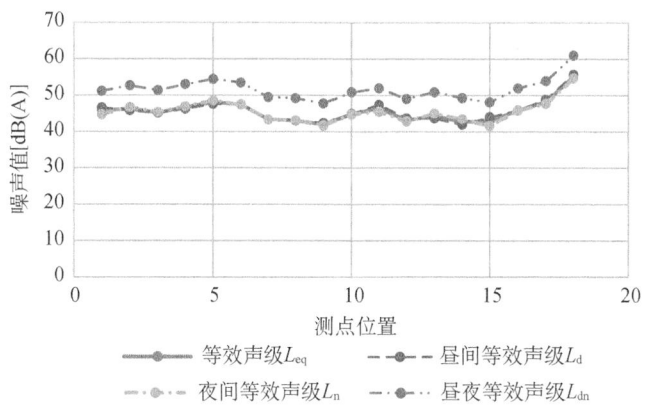

图 5-2　各类等效声级曲线

2. 室外噪声测量

室外噪声测量时测点布置如图 5-3 所示。

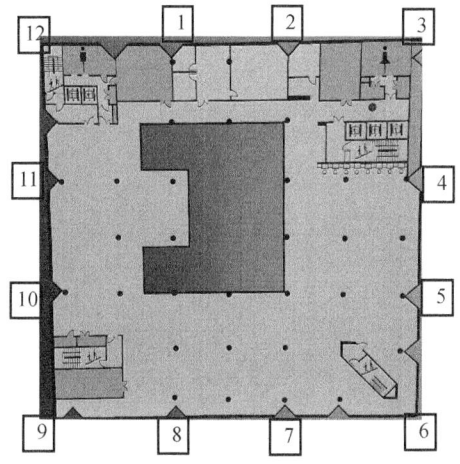

图 5-3　室外噪声测点布置图

不同时段测量数据见表5-5。

表5-5 室外噪声测量数据　　　　　　　　　　　　　　单位:dB(A)

测量日期 测点	12月7日 昼 14:00—15:00	12月7日 夜 22:00—23:00	12月8日 昼(周末) 10:00—11:00	12月8日 夜(周末) 22:00—23:00	12月11日 昼 16:00—17:00	12月11日 夜 22:00—23:00	平均值
1	53.8	52.8	51.8	50.4	52.8	51.7	52.22
2	55.5	56.6	50.9	52.0	56.5	54.2	54.28
3	62.4	53.0	51.9	52.7	54.0	52.2	54.37
4	53.9	52.5	49.7	51.4	48.5	52.5	51.42
5	61.8	48.7	49.2	49.5	49.7	56.0	52.48
6	51.5	50.8	58.8	47.8	47.0	50.3	51.03
7	46.0	57.7	52.7	48.6	46.8	47.0	49.80
8	47.7	51.2	48.6	47.3	49.2	51.3	49.22
9	50.5	57.1	51.4	50.9	53.0	65.0	54.65
10	55.0	59.2	50.4	51.2	53.6	53.0	53.73
11	53.5	55.3	49.6	48.9	52.2	53.8	52.22
12	54.5	56.7	51.4	49.1	51.0	54.8	52.92
平均值							52.36

由表5-5所知,室外噪声平均值为52.36 dB(A),测量过程中的噪声最大值为65.0 dB(A),最小值为46.0 dB(A)。对同一功能区的多个测点,按点次分别带入式(5-1)计算昼间和夜间的达标率,得到不同噪声级别指标值,见表5-6。

表5-6 不同时段各类噪声等效声级　　　　　　　　　　单位:dB(A)

测点	等效声级 L_{eq}	昼间等效声级 L_d	夜间等效声级 L_n	昼夜等效声级 L_{dn}
1	52.3	52.9	51.7	58.0
2	54.8	54.9	54.7	60.7
3	56.5	58.5	52.6	60.4
4	51.8	51.4	52.2	58.1
5	55.7	57.5	52.7	60.0
6	53.1	55.0	49.8	57.2
7	52.2	49.6	53.7	59.3
8	49.5	48.5	50.3	56.1
9	58.5	51.8	61.0	66.4

(续表)

测点	等效声级 L_{eq}	昼间等效声级 L_d	夜间等效声级 L_n	昼夜等效声级 L_{dn}
10	54.8	53.4	55.9	61.6
11	52.8	52.1	53.4	59.2
12	53.7	52.6	54.5	60.3
平均值	52.3	53.2	53.6	59.8

各类等效声级曲线如图 5-4 所示。

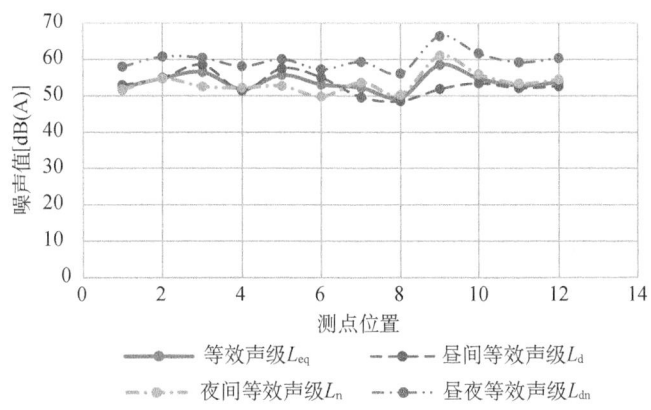

图 5-4 不同时段各类噪声等效声级曲线

5.6.4 实验结论

根据《民用建筑隔声设计规范》GB 50118 中对学校建筑中各种教学用房内的噪声级规定,图书馆噪声等级应小于 40 dB(A)。由计算数据可知,案例中图书馆无论是等效声级、昼间等效等级,还是夜间等效声级都不符合设计规范。可能原因有图书馆内空调设备噪声、内部人为产生的噪声等。

第6章 室内空气质量测试设计与案例

6.1 实验目的

(1) 结合空气环境,了解建筑室内环境中空气污染物的种类、指标与来源,以及空气污染造成的危害。
(2) 熟悉空气污染物主要测试仪器、仪表的使用方法。
(3) 掌握室内空气质量评价指标。

6.2 实验测试内容

影响室内空气的污染源可分为物理污染、化学污染和生物污染。物理性指标如温度、相对湿度、风速等;化学性指标主要有 PM_{10}、$PM_{2.5}$、CO_2、TVOC、甲醛、SO_2、CO、NO 等;生物学指标主要指细菌总数。因此,建筑室内空气质量评价参数多为温湿度、风速、CO_2、TVOC、甲醛、$PM_{2.5}$、PM_{10}、SO_2、CO、NO 等。

6.3 实验测试仪器

根据各类指标在室内空气中的存在状态,选择合适的仪器设备,且应符合表 6-1 的要求。

表 6-1 室内空气质量测试所需仪器要求

测量参数	测试仪器	量程	测试精度	备注
$PM_{2.5}/PM_{10}$、SO_2、CO_2、NO、CO、TVOC	大气采样仪	大气流量设定范围为 0.10~1.00 L/min;颗粒物流量设定范围为 10.0~130.0 L/min	±5%	多功能空气质量检测仪
$PM_{2.5}/PM_{10}$	激光粉尘浓度测试仪	0~1 000 μg/m³	±5%	手持式
SO_2	分光光度计	0~20 ppm	±3%FS	—

(续表)

测量参数	测试仪器	量程	测试精度	备注
CO_2	二氧化碳测试仪	0～5 000 ppm	±(40 ppm+3%FS)	手持式现场检测用
CO	分光光度计	0～62.5 mg/m³	—	—
TVOC	TVOC 测试仪	0～60 000 ppb	±8%FS±125 ppb	单一参数便携式仪器现场测试
甲醛	甲醛测试仪	0～5 ppm	±5%FS	单一参数便携式仪器现场测试

注：仪器设备的噪声一般应小于 50 dB(A)，如噪声过大，应通过安装消音盒等方式减少室内噪声。

6.4 实验测试方法及注意事项

6.4.1 测试方法

温湿度、风速测试可以参考本书第 3 章和第 9 章的相关方法。化学性指标测量方法可参考《室内空气质量标准》GB/T 18883，按表 6-2 进行。

表 6-2 室内空气中各类指标的测量方法

具体指标	测定方法	方法来源	推荐采样方法参数
SO_2	甲醛溶液吸收-盐酸副玫瑰苯胺分光光度法	GB/T 16128	连续采样时间至少 45 min，采样流量 0.5 L/min
CO_2	不分光红外分析法	GB/T 18204.2	监测时间至少 45 min，监测间隔 10～15 min，结果以时间加权平均值表示
CO	不分光红外分析法	GB/T 18204.2	监测时间至少 45 min，监测间隔 10～15 min，结果以时间加权平均值表示
甲醛	AHMT 分光光度法	GB/T 16129	连续采样时间至少 45 min，采样流量 0.4 L/min
甲醛	酚试剂分光光度法	GB/T 18204.2	连续采样时间至少 45 min，采样流量 0.2 L/min
甲醛	高效液相色谱法	GB/T 18883	—
TVOC	固体吸附-热解吸-气相色谱质谱法	GB/T 18883	—
$PM_{2.5}/PM_{10}$	撞击式-称量法	GB/T 18883	—

（1）采样点的数量应根据所监测的室内面积和现场情况而定，正确反映室内空气污染物水平。单间小于 25 m² 的房间应设 1 个点；25～50 m²（不含）应设 2～3 个点；50～

100 m²(不含)应设 3~5 个点;100 m² 及以上应至少设 5 个点。

(2) 采样点的高度:原则上应与成人的呼吸带高度相一致,相对高度在 0.5~1.5 m。在有条件的情况下,考虑坐卧状态的呼吸高度和儿童身高,增加 0.3~0.6 m 相对高度的采样。

6.4.2 注意事项

(1) 化学性指标采样前,应关闭门窗、空气净化设备及新风系统至少 12 h。采样时,门窗、空气净化设备及新风系统仍应保持关闭状态。使用空调的室内环境,应保持空调正常运转。

(2) 单点采样在房间的中心位置布点,多点采样时应按对角线或梅花式均匀布点。采样点应避开通风口和热源,距离墙壁应大于 0.5 m,距离门窗应大于 1 m。

(3) 采样时间和频次:年平均浓度应至少采样 3 个月(包括冬季),24 h 平均浓度(如 $PM_{2.5}$、PM_{10} 等)应至少采样 20 h,8 h 平均浓度应至少采样 6 h,1 h 平均浓度应至少采样 45 min;根据测定方法的不同,可连续或间隔采样。

6.5 实验数据记录与处理

6.5.1 $PM_{2.5}$ 和 PM_{10} 浓度计算

$PM_{2.5}$ 和 PM_{10} 浓度按式(6-1)计算:

$$\rho = \frac{w_2 - w_1}{V} \tag{6-1}$$

式中,ρ——$PM_{2.5}$ 或 PM_{10} 浓度(mg/m³);

w_2——采样后滤膜的重量(mg);

w_1——空白滤膜的重量(mg);

V——已换算成标准状态(101.325 kPa, 273 K)下的采样体积(m³)。

6.5.2 二氧化硫

空气中 SO_2 的质量浓度按式(6-2)计算:

$$C = \frac{(A - A_0)B_s}{V_s} \times \frac{V_t}{V_a} \tag{6-2}$$

式中,C——空气中 SO_2 的质量浓度(mg/m³);

A——样品溶液的吸光度;

A_0——试剂空白溶液的吸光度;

B_s——校正因子($\mu g \cdot SO_2/12$ mL/A);

V_t——样品溶液的总体积(mL);

V_a——测定时所取试样的体积(mL);

V_s——换算成标准状态下(101.325 kPa,273 K)的采样体积(L)。

计算结果精确至小数点后三位。

6.5.3 二氧化碳

CO_2 对红外线的吸收具有选择性,在一定范围内,吸收值与 CO_2 浓度呈线性关系,根据吸收值确定样品中 CO_2 的浓度。

仪器的刻度指示经过标准气体校准过的样品中 CO_2 浓度,由表头直接读出。

6.5.4 一氧化碳

采用非分散红外法。样品气体进入仪器,在前吸收室吸收 4.67 μm 谱线中心的红外辐射能量,在后吸收室吸收其他辐射能量。两室因吸收能量不同,破坏了原吸收室内气体受热产生相同振幅的压力脉冲,变化后的压力脉冲通过毛细管加在差动式薄膜微音器上,被转化为电容量的变化,通过放大器再转变为与浓度成比例的直流测量值。

CO 浓度按式(6-3)计算:

$$c = 1.25 \times n \tag{6-3}$$

式中,c——样品气体中 CO 浓度(mg/m^3);

n——仪器指示的 CO 格数;

1.25——CO 换算成标准状态下的换算系数(mg/m^3)。

6.5.5 TVOC 结果计算

室内空气中 TVOC 浓度按式(6-4)计算:

$$\rho_{TVOC} = \frac{W - W_0}{V_r} \tag{6-4}$$

式中,ρ_{TVOC}——样品中待测组分的质量浓度($\mu g/m^3$);

W——由校准曲线计算的样品管中待测组分的质量(ng);

W_0——由校准曲线计算的空白管中待测组分的质量(ng);

V_r——参比状态下的采样体积,按式(6-5)换算(L)。

$$V_r = V \times \frac{T_r}{T} \times \frac{P}{P_r} \tag{6-5}$$

式中,V_r——参比状态下的采样体积(L);

V——实际采样体积(L);

T_r——参比状态下的绝对温度(K),$T_r = 298.15$ K;

T——采样时采样点的绝对温度(K);

P——采样时采样点的大气压力(kPa);

P_r——参比状态下的大气压力(kPa),$P_r=101.325$ kPa。

6.6 典型案例分析

6.6.1 实验目的

(1) 掌握粒子计数器的用法。

(2) 对于可吸入颗粒物的分布和规律有一个大致的认识,对教室环境的 IAQ 从颗粒物分布情况给出评价和建议。

(3) 通过设计实验、完成实验、数据处理等过程,培养严谨科学的态度,锻炼合作能力。

6.6.2 实验方案

1. 测试对象选择

教室环境中粉笔粉尘是一个巨大的污染源,对教师身体健康影响较大。学生在教室环境中停留时间较长,IAQ 对学生的影响较大。当室内人员密度达到一定程度时,室内人员的活动成了影响室内 PM_{10} 污染的最主要因素。而当室内人员密度稍小时,室内 PM_{10} 浓度主要受室外大气环境影响;影响颗粒物空间分布的因素有室外环境的颗粒物情况、室内外气流组织以及污染源的分布和强度。探究不同教室颗粒物的浓度,初步了解颗粒物的分布规律。若规律较为明显简单,可以尝试绘制"颗粒足迹图",有利于分析教室内颗粒物的来源以及控制方法。

教室按照功能可以分为自习教室和上课教室。常规情况下,自习教室人员密度小,人员活动频率高;而上课教室的人员密度大,课间人员活动频率低,课上人员几乎不活动。

2. 实验仪器

粒子计数器型号为 FLUKE 983(图 6-1),通道为 6 个,分别是粒径在 0.3~0.5 μm,0.5~1.0 μm,1.0~2.0 μm,2.0~5.0 μm,5.0~10.0 μm,10.0+μm,取样单位为个/L。每次读数抽气时间为 30 s,两次抽气的间隔时间设定范围是 0~24 h。可以同时测量室内温湿度。

3. 实验地点的选择

本次测量选择某校某教室作为实验对象,原因在于:①该教室上课、自习人数较多;②有很多课程的习题课将该教室作为上课地点,习题课的粉笔使用率较高;③该教室南北

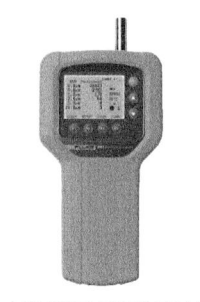 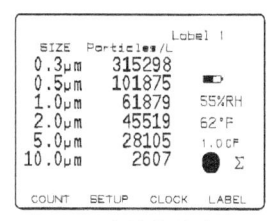

a) FLUKE 983粒子计数器　　　　b) 读数界面

图 6-1　实验仪器

各有一个工地正在施工,其中南面的工地距离教室南外墙不超过 10 m,粉尘污染情况较其他教学楼更严重。

4. 实验假设

由于只有一台粒子计数器可以使用,在设计实验的时候也充分考虑了这一点。

1) 自习环境与上课环境实测

提出假设:自习环境中颗粒物浓度受室外环境和室内人员密度的影响较大,而上课环境中受室外环境和室内粉笔使用的影响较大,且由于粉笔的使用,大粒径($\geqslant 5\ \mu m$)颗粒物浓度高于自习环境。将自习环境和上课环境的测量安排在同一天进行,先进行自习环境中颗粒物浓度的测量,然后进行上课环境中颗粒物浓度的测量。

测量时要记录人员的走动情况、教师的板书行为和擦黑板行为以及门窗的开关情况,假定颗粒物的分布均匀。将粒子计数器放在第一排中间位置的桌子上,削弱对门窗开关的反应,增强对板书、擦黑板行为的反应。

无论是自习环境还是上课环境,都要求安静,因此,测量时采取垫软垫等方式减少噪声的产生。抽气时间设定为 5.5 min/次。测量时间为某周五 14:00—22:00,其中上课时间为 19:20—20:00。

2) 板书与擦黑板环境实测

提出假设:板书和擦黑板的行为导致教师呼吸区大粒径颗粒物的浓度增加,而且擦黑板行为造成的污染更严重,很可能导致教师呼吸区可吸入颗粒物浓度超标。

实验时要注意排除室外干扰,先密闭房间。待房间颗粒物浓度比较稳定后,一人进行板书行为,另一人用粒子计数器模拟教师的呼吸系统,在板书者的呼吸区域进行采样测量;板书结束后,房间颗粒物浓度再次达到稳定后,进行擦黑板行为的测量,测量方法同上。

6.6.3　实验数据分析

1. 粉笔粉尘粒径分布

采用专门的仪器对研磨的粉笔粉尘粒径分布进行测量,规律如图 6-2 和图 6-3 所示。

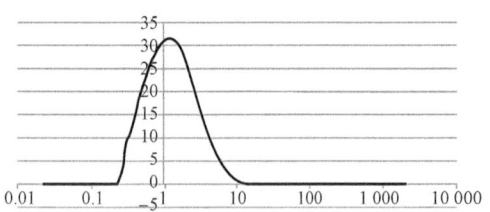
图 6-2 研磨粉笔粉尘粒径的(体积)概率密度曲线

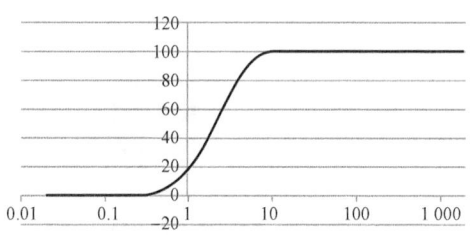
图 6-3 研磨粉笔粉尘粒径的(体积)概率分布曲线

概率密度最大值：$d = 1.125\ \mu m$。

概率分布曲线：对数正态分布曲线。获得该曲线,有利于将计数浓度转化为计重密度。

2. 实验数据

1) 自习环境实测

测量地点：某教室 1,大部分时间门窗密闭,不开风扇。

14:25 开启粒子计数器,同时记录人数随时间的变化。19:20 教师进入教室,记录结束。

自习环境中不同颗粒物及人数变化曲线如图 6-4～图 6-9 所示。

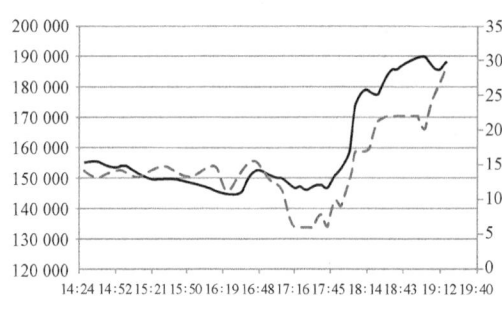
图 6-4 直径 0.3～0.5 μm 的颗粒物在自习环境中测量数据

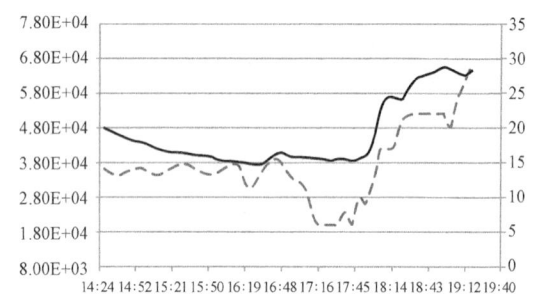
图 6-5 直径 0.5～1.0 μm 的颗粒物在自习环境中测量数据

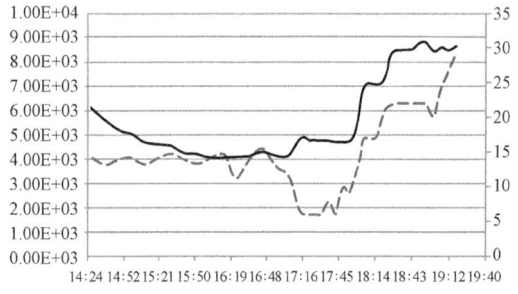
图 6-6 直径 1.0～2.0 μm 的颗粒物在自习环境中测量数据

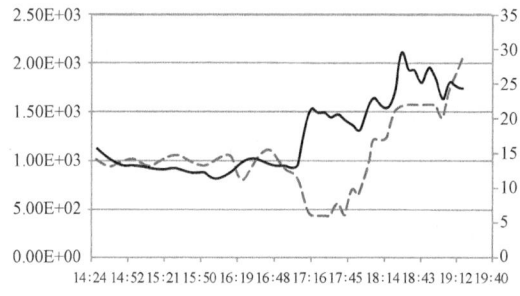
图 6-7 直径 2.0～5.0 μm 的颗粒物在自习环境中测量数据

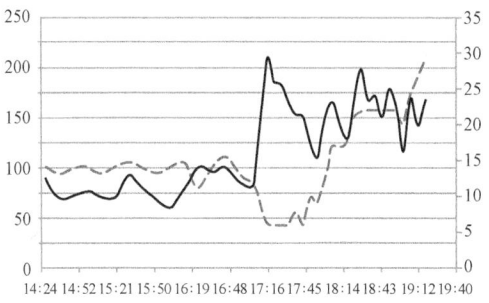

图 6-8　直径 5.0~10.0 μm 的颗粒物在自习环境中测量数据

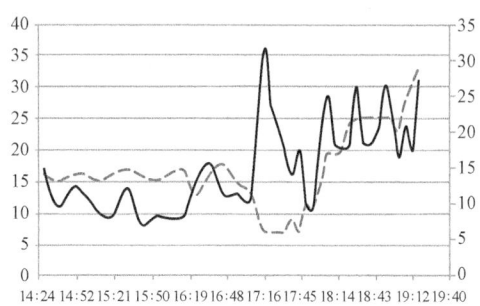

图 6-9　直径 10.0+μm 的颗粒物在自习环境中测量数据

注：图 6-4—图 6-9 中实线表示颗粒物随时间的变化规律，虚线表示人数随时间的变化规律。

2）上课环境实测

测量上课、下课答疑以及课后的稳定时间的环境。其中，上课阶段和答疑阶段都在持续地板书、间断地擦黑板。图 6-10 中阴影部分是教室管理员用湿方法清洁黑板。

相较于自习环境，上课环境中人数是稳定的，颗粒物浓度变化较大。人数与颗粒浓度之间没有明显的线性关系，不同粒径颗粒物分布特征如图 6-10～图 6-15 所示。

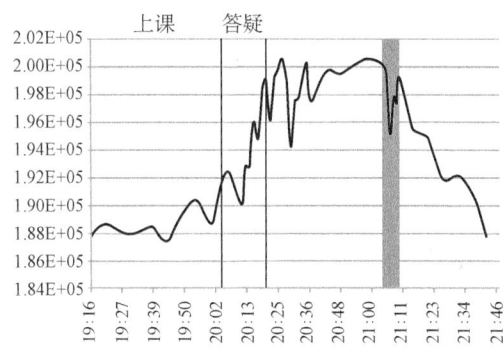

图 6-10　直径 0.3~0.5 μm 的颗粒物在上课环境中测量数据

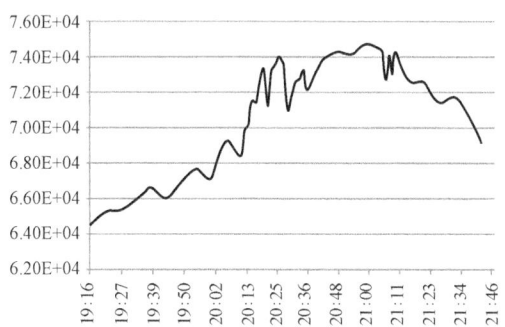

图 6-11　直径 0.5~1.0 μm 的颗粒物在上课环境中测量数据

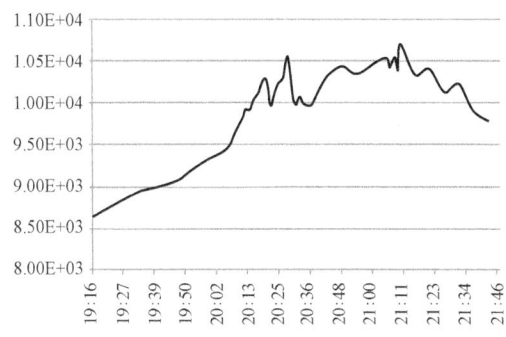

图 6-12　直径 1.0~2.0 μm 的颗粒物在上课环境中测量数据

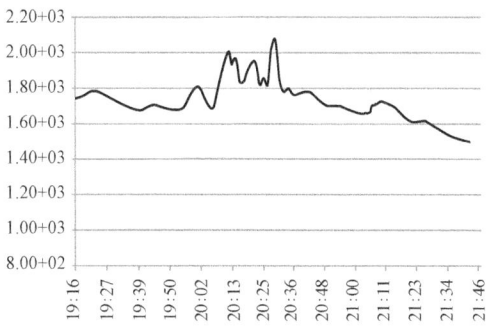

图 6-13　直径 2.0~5.0 μm 的颗粒物在上课环境中测量数据

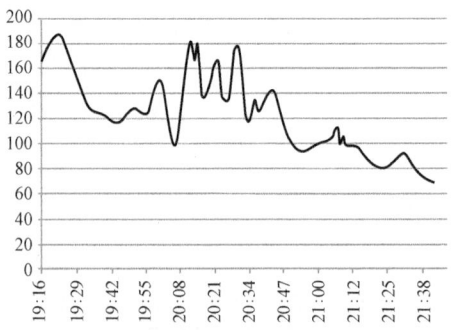

图 6-14　直径 5.0~10.0 μm 的颗粒物在上课环境中测量数据

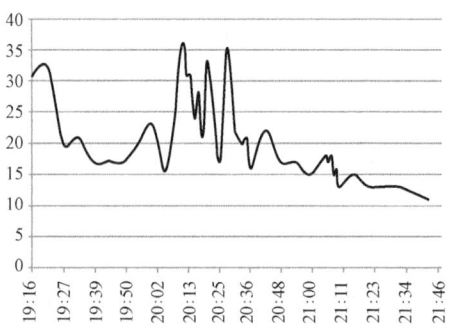

图 6-15　直径 10.0+ μm 的颗粒物在上课环境中测量数据

3）板书与擦黑板实测

测量地点：某教室 2

不同粒径颗粒物在板书和擦黑板中测量数据如图 6-16～图 6-21 所示。

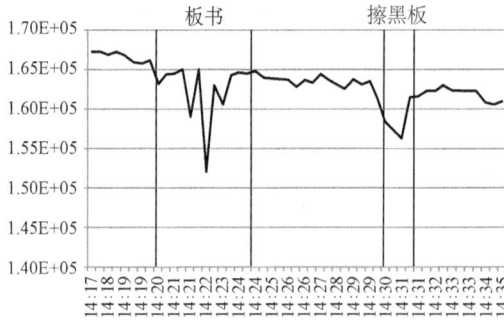

图 6-16　直径 0.3~0.5 μm 的颗粒物在板书和擦黑板中测量数据

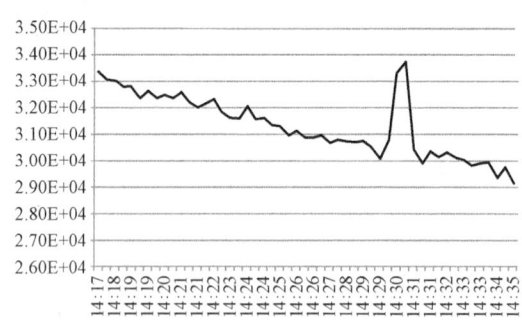

图 6-17　直径 0.5~1.0 μm 的颗粒物在板书和擦黑板中测量数据

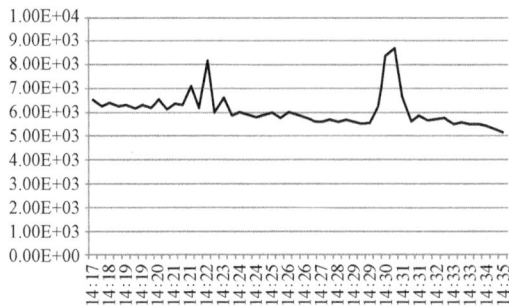

图 6-18　直径 1.0~2.0 μm 的颗粒物在板书和擦黑板中测量数据

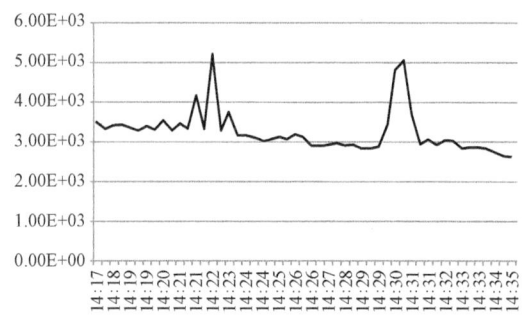

图 6-19　直径 2.0~5.0 μm 的颗粒物在板书和擦黑板中测量数据

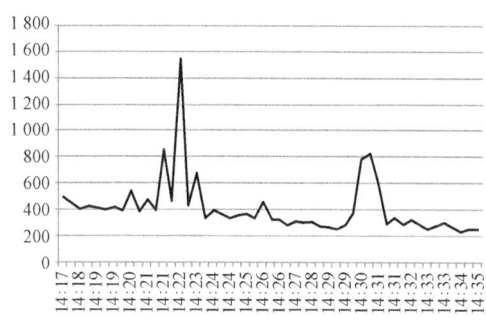
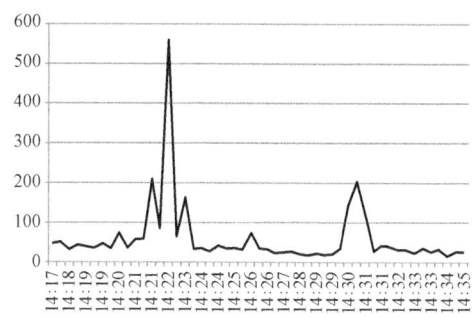

图 6-20 直径 5.0~10.0 μm 的颗粒物在板书和擦黑板中测量数据　　图 6-21 直径 10.0+μm 的颗粒物在板书和擦黑板中测量数据

3. 数据处理

1) 自习环境实测

由表 6-3 和表 6-4 可知：颗粒物浓度和人数有着一定的线性关系，颗粒物浓度和相对湿度有着一定的线性关系。而且可以看出，0.3~2.0 μm 区间的颗粒物浓度和人数的线性关系更加明显，颗粒物浓度随人数的变化几乎没有延迟性；而 2.0+μm 区间的颗粒物浓度受相对湿度影响相较于人数更加明显。验证了室内人员是颗粒物发生源的说法，人员的走动、翻书、衣服摩擦都可以产生大量的颗粒物。而这些多孔的颗粒物有着很强的吸水性，高的相对湿度有利于增加颗粒物的沉降速度，减少颗粒物的再悬浮。

大粒径颗粒物仍然表现出浓度惯性小、波动明显的现象，与假设基本相符。

表 6-3 自习环境中人数与颗粒物浓度的线性相关系数

粒径区间	相关系数	粒径区间	相关系数
0.3~0.5 μm	0.869 954	2.0~5.0 μm	0.507 314
0.5~1.0 μm	0.876 522	5.0~10.0 μm	0.175 672
1.0~2.0 μm	0.826 114	10.0+μm	0.309 568

表 6-4 自习环境中相对湿度与颗粒物浓度的线性相关系数

粒径区间	相关系数	粒径区间	相关系数
0.3~0.5 μm	−0.749 88	2.0~5.0 μm	−0.856 1
0.5~1.0 μm	−0.692 32	5.0~10.0 μm	−0.704 89
1.0~2.0 μm	−0.725 21	10.0+μm	−0.568 97

2) 上课环境实测

上课环境实测在第一排座位进行，分为上课、答疑和课后稳定 3 个阶段。各阶段的相对湿度和温度没有太大的变化，但上课阶段没有人数的变化，也几乎没有人员的走动，有频繁的板书和擦黑板行为；答疑阶段人数变化、人员走动、板书和擦黑板行为都十分密集；课后稳定阶段是指助教离开后的时间，人数缓慢下降，人员走动不频繁，只有 21:04—

21:09时间段有教室管理员用湿方法清洁黑板,其他时间无板书、擦黑板行为。开关门窗对上课阶段和答疑阶段的影响不大,对课后稳定阶段的影响很大。

(1) 上课阶段颗粒物浓度有明显上升,说明板书和擦黑板行为确实有着增加颗粒物浓度的作用,而且较为明显:

① 0.3~2.0 μm区间内的颗粒物浓度有上升趋势,有一定的波动性。每一个极大值点都对应着板书和擦黑板行为。

② 2.0+μm的颗粒物浓度不表现上升趋势,这应该也与颗粒物的沉降有关系。极大值点对应着板书和擦黑板行为,而且擦黑板造成的波动比板书要明显。

(2) 答疑阶段颗粒物上升比上课阶段要明显。这体现了人员走动和粉笔粉尘的双重作用。相较于上课阶段,0.3~2.0 μm区间内的颗粒物浓度的上升趋势略高。这与答疑的时候有很多学生聚拢在讲台周围,成为研磨型颗粒物的重要发生源和再悬浮的发生源,增加了前排颗粒物的浓度有关。

(3) 课后稳定阶段的颗粒物浓度主要受人数和开关门的影响。整体趋势和课前一样,随人数的不断减少而降低。几次极大值点的出现是由于人员的走动,几次极小值点的出现是由于前门的打开,后门、窗户的开关影响不明显。21:04—21:09教室管理员用专门擦洗黑板的工具蘸水擦洗黑板,在0.3~2.0 μm区间出现了颗粒物浓度的骤降,2.0+μm颗粒物浓度有增幅。相较于用黑板擦擦黑板,颗粒物浓度上升不明显。

3) 板书与擦黑板实测

由于上课环境实测在第一排座位进行,并不是在教师的呼吸区取样。因此,为了探究教师受粉笔粉尘的影响,对板书和擦黑板行为进行了探索。

提出假设:板书和擦黑板的行为导致教师呼吸区大粒径颗粒物的浓度增加,而且擦黑板行为造成的污染更严重,很可能导致教师呼吸区可吸入颗粒物浓度超标。

整体分析:除了0.3~0.5 μm区间的颗粒物浓度整体较为稳定,0.5+μm的颗粒物浓度整体不断下降。由图6-16可知,在密闭的环境中,0.3~0.5 μm区间的颗粒物的整体变化趋势不大,这与其难沉降有关。无论是板书还是擦黑板,在该区间都出现一个骤降区,这与上课环境的测量结果不太相符,说明教师呼吸区的颗粒物浓度与教室前排座位的颗粒物浓度存在差异。

解释:该实验的测量是在板书者的呼吸区进行的,板书者在活动的过程中,身体周围会产生一个羽流场,带来0.05~0.25 m/s的风速,0.3~0.5 μm区间的颗粒物容易被该气流带走,因此在呼吸区出现低谷,而在前排座位出现峰值。

4. 估算 $PM_{2.5}$ 和 PM_{10} 的质量浓度

颗粒物的密度被认为是定值,根据 $M=\dfrac{\pi\rho d^3}{6}$,知道计数浓度、颗粒物的密度和某区间的(体积)概率平均直径,就可以算出总的计重浓度。

取大气尘的密度为颗粒物密度(2 500 kg/m³),某区间的(体积)概率平均直径则由粉笔研磨结果计算得到,见表6-5。

表 6-5　不同区间的(体积)平均粒径直径

粒径区间(μm)	平均粒径直径(μm)	粒径区间(μm)	平均粒径直径(μm)
0.3~0.5	0.410	2.0~5.0	3.548
0.5~1.0	0.755	5.0~10.0	7.504
1.0~2.0	1.635	10.0+	10.000

由此,可以给出计重浓度的计算公式:

$$C_\mathrm{m}=\frac{\pi\rho\left(\sum_{i=1}^{6}C_{\mathrm{N}i}d_i^3\right)}{6} \tag{6-6}$$

式中,C_m——计重浓度(kg/m^3,具体应用时转换为 mg/m^3);

$C_{\mathrm{N}i}$——第 i 个区间的颗粒物的计数浓度(个/L);

d_i——第 i 个区间的(体积)平均粒径直径(μm,计算时转化为 m);

ρ——平均密度(2 500 kg/m^3)。

6.6.4　结果与讨论

1. 影响颗粒物浓度基本原理

在分析数据的过程中,发现影响颗粒物浓度的几大关键因素都与颗粒物的产生与进入、沉降、再悬浮有关。因此,了解它们的原理,可以更好地控制颗粒物浓度。

在上述的分析中,教室及教室周围环境中颗粒物的来源主要有以下几方面:厕所的液体颗粒物、人员的活动以及板书和擦黑板行为。其中,人员活动带来的发尘量可以参考表 6-6 和表 6-7。

表 6-6　各种动作的发尘量计数法测量

粒径(μm)	吸烟(个/根)	坐沙发(个/次)	刷学生服(个/次)	翻纸(个/次)
0.3~0.5	4.0E+10	—	1.4E+05	5.6E+05
0.5~1.0	2.1E+10	—	1.4E+05	1.4E+05
1.0~2.0	2.1E+09	8.3E+06	1.1E+05	6.9E+04
1.0~5.0	—	2.2E+07	4.2E+05	1.3E+04
10.0+	—	1.1E+06	—	1.1E+04

注:数据源于《空气净化技术手册》,电子工业出版社,1985 年。

表 6-7　洁净室测量人的各种动作的发尘量

发尘率(个/min)	动作状态
1.0E+05	站立或静坐——没有动作

(续表)

发尘率(个/min)	动作状态
5.0E+05	站立或静坐——手臂和头臂轻微动作
1.0E+06	站立或静坐——全臂、手、头部和臀部动作
2.5E+06	坐下或立起
5.0E+06	行走——3.6 km/h
7.5E+06	行走——5.6 km/h
1.0E+07	行走——8.0 km/h
1.0E+07	坐椅子
1.5E+07	跳跃
3.0E+07	

注：数据源于 Austin. P. R: Contamination Index, Prcc 4th. Ann. Teen. Conf., AACC(1965)。

颗粒物是随气流进入室内的。在自然通风、无过滤装置的条件下，比较单一，较难控制。以某教室为例，进入途径是走廊的颗粒物（包括厕所）从门进入，以及室外工地的颗粒物从工地进入。厕所颗粒物浓度大，携带大量细菌，是十分有害的颗粒物，应该尽量避免进入室内。

（1）颗粒物的沉降：大颗粒（2.0～10.0 μm）易沉降，因此该区间的颗粒物浓度惯性小；小颗粒（0～2.0 μm）难沉降，是环境控制的难点。

（2）颗粒物的再悬浮：颗粒物的再悬浮在有气流扰动的情况下有明显的表现，会增加颗粒物浓度。

2. 教室环境 IAQ 现状

自然通风条件下，颗粒物浓度较高，局部甚至出现超标情况。板书和擦黑板行为对教室环境可吸入颗粒物浓度有一定的影响。人员密度较高也会导致可吸入颗粒物浓度升高。另外，室外环境对于室内颗粒物的浓度起到提供基数的作用，降低室外颗粒物浓度、阻止室外颗粒物的进入是解决问题的根本。

通过对校医院的某内科大夫采访获知，一线教师患呼吸道疾病的概率明显高于其他岗位的教职工，且随着教龄的增长，发病率升高，这与教师受粉尘污染关系密切。

3. 颗粒物的控制方法讨论

（1）改变通风方式，增加过滤装置。此法成本较高，且可能带来二次污染。

（2）优化教室排课，降低人员密度。

（3）更换无尘粉笔，将粉笔擦更换为湿法擦黑板工具，或者改装成更轻便的、蘸水擦黑板的工具。

（4）增强厕所的通风换气，将厕所内携有细菌的颗粒物尽可能排到室外。

4. 深入思考

本实验的数据分析过程,类比了气味分子的扩散、室内污染物浓度变化规律等在建筑环境学中学到的知识。但实际上,颗粒物的运动过程中,气流力是最重要也是最复杂的因素,重力、惯性力、分子扩散力也非常重要,但不是影响其运动的主要因素。那能否用场的观点看颗粒物,用 (x, y, z, τ) 来描述房间的颗粒物浓度呢?

下一步可类比气流分布的描述参数,探究引入"颗粒物龄""可及性""不均匀系数"等概念来描述颗粒物分布规律的可行性。在实验条件允许的情况下,用多布点测量的方法,控制影响颗粒物的参变量,初步了解颗粒物场;再用模型构建、数值计算、软件模拟等方法,更加深入地探究颗粒物分布规律。

6.7 其他案例简介

与本实验项目相关的其他测试内容如表 6-8 所示。

表 6-8 其他测试

序号	题目	简介
1	吸尘过滤材料自清洁再生原理探究	本实验旨在探究吸尘器过滤材料的自清洁再生原理,展开如下研究:认识颗粒物在过滤纤维表面的沉积与脱落规律;使用机械力进行过滤材料的除尘再生,并利用现有实验装置,对过滤材料的过滤效率、阻力、容尘量进行测试
2	CAD 教室气流组织与局域环境营造效果测量	本实验旨在认识和测量室内典型气流组织分布和局部营造效果,研究内容如下:在 CAD 教室内进行上送上回气流组织模式下的空气流场动态显示与测量;利用 CSPSV 流场显示和测量平台进行三维空气速度矢量的测量和分析,获得常规较大空间内空调气流组织效果的实测数据
3	带送风机的口罩实际净化效果的测试分析	从市场上购买带送风机的口罩,分别采用直接测量法和质量守恒法测量其净化效率,并与人的实际呼吸新风需求进行对比,分析该类口罩能否保证人的呼吸系统健康。通过实验测量和分析,确定该类口罩的最优测试方案,并给出评价该类口罩的定量指标
4	磁性空气过滤器的过滤效率测试分析	地铁系统中的细颗粒物污染较室外区域和地面交通更加严重,针对这一问题,首先制作一个简单的磁性空气过滤器样机,然后实验测量该样机的过滤效率及压降,最后基于实验结果讨论其改进方法
5	教室的空气品质测试及新风机运行策略研究	通过现场监测数据的分析,了解室内空气品质的实际状况和影响因素。通过对教室环境监测平台等数据分析,得到典型教室的室内空气品质与室内外条件的关系、新风系统对典型教室的空气品质控制效果,以及新风系统的运行策略

(续表)

序号	题目	简介
6	家用新风机的实际使用效果分析	目前很多家庭的住宅中装有家用新风机（户式新风机）。本实验通过现场实测和大数据分析，了解家用新风的实际使用情况，给出家用新风机的用户使用习惯及实际使用效果，用以指导家用新风机的推广应用
7	室内建材 VOC 初期释放模型的实验验证	通过实验，验证室内建材 VOC 初期释放模型的准确性，为后续快速测定建材释放特性参数奠定基础。具体内容如下：熟悉并了解室内空气化学污染的采样、检测分析方法；开展直接通风舱内的建材释放实验，得到舱内 VOC 的逐时浓度；进行释放特性参数拟合，并与传统释放模型进行对比
8	人对不同植物气味的主观感受评价	本实验旨在探究人对不同植物气味的主观感受评价。制作主观气味评价问卷和不同植物气味的气袋，招募受试者嗅闻气袋；与无味的空气相比，受试者对气味的主观感受进行评价。探查与无味空气相比，人对不同植物气味的主观评价的差异和显著性

第7章 室内气流组织测试设计与案例

7.1 实验目的

(1) 了解常用风口、常见室内送回风口布置对室内气流分布、工作区温度、速度均匀性的影响。
(2) 熟悉室内气流组织测试所用的设备和仪器。
(3) 掌握室内气流组织测试的基本测试方法和评价方法。

7.2 实验测试内容

室内气流组织的优劣直接影响室内热环境的舒适性和空调设计,同时也直接影响空调系统的能耗量。气流组织评价指标中,一些基本分布参数指标如温度、风速、浓度等,可使用相应的测试仪器直接读数,大多数的指标以此测试基础进行分析。常用的气流组织评价指标有通风效率、能量利用系数、空气龄和空气分布特性指标等。

7.3 实验测试仪器

实验过程中用到的仪器主要有温度计、风速仪、摄像机、卷尺和烟雾发生器等,具体要求如表7-1所示。

表7-1 室内气流组织测试所需仪器要求

测量参数	测试仪器	量程	测试精度
温度	温度计/热电偶	−10~50℃	±0.5℃ 热响应时间不应大于90 s
风速	万向风速仪	0.05~30 m/s	0.01 m/s
流向	摄像机	百万像素以上	—
长度	卷尺	0~5 m	±0.2 mm
发烟	烟雾发生器	—	—

7.4 实验测试方法及注意事项

7.4.1 换气次数测定

用示踪气体（SF_6 或 CO_2）测定室内空气的换气率。测量中根据示踪气体的释放点和测点的不同，可以测量出不同指标。若释放点在送风口，测点在空间任一位置，可以测量出该点的空气龄。通过示踪气体法可以测量房间的换气次数，还可以通过示踪气体法测出房间的换气率和各测点的换气率。目前，SF_6 和 CO_2 是国内外气流组织测量方面使用较多的两种示踪气体。

1. 场所室内空气量测量

(1) 用卷尺测量场所室内长度、宽度及高度，算出室内容积。
(2) 用卷尺测量室内物品（桌、沙发、柜、床、箱等）的总体积。
(3) 按式(7-1)计算场所室内空气量：

$$M = M_t - M_i \tag{7-1}$$

式中，M——室内空气量(m^3)；
M_t——室内容积(m^3)；
M_i——室内物体总体积(m^3)。

2. 1 h 前后室内空气中示踪气体测量

(1) 关闭门窗，在室内均匀地释放示踪气体 SF_6 或 CO_2，每立方米室内空气释放 SF_6 0.5～1.0 g 或 CO_2 2～4 g，同时用风扇扰动空气使其充分混合。
(2) 用 100 mL 玻璃注射器或 100 mL 真空采样瓶采集室内空气，按对角线(3点)或梅花状(5点)布点采样。采样后人离开室内，经 1 h 后仍按前述方法和采样点采集 1 h 后样品。
(3) 样品采集后最好立即分析，一般不应超过 3 d。

7.4.2 气流组织的能量利用系数测试

良好而经济的气流组织形式，应在保证工作区满足空调参数要求的前提下，使空调送风有效地排出工作区的余热，而不使工作区以外的余热进入工作区，从而达到不增加送风量且提高排风温度的效果，以提高空调系统的经济性。为此，引入评价室内气流组织经济性指标——能量利用系数 η，见式(7-2)。

$$\eta = \frac{t_p - t_o}{t_n - t_o} \tag{7-2}$$

式中，t_n，t_o，t_p 分别为室内工作区空气平均温度、送风温度及排(回)风温度。通过实测

获得能量利用系数 η,以评价室内气流组织的经济性。

分别在室内工作区、送回风口处布置温度测点,工作区温度应采用多点布置取其平均值,计算求得能量利用系数。具体测试方法如下:

(1) 选择一种风口形式及其气流组织方式,调整送风温度及其送风量至设定值,待稳定后进行实验。

(2) 在工作区布置3支热电偶,送回风口各布置1支热电偶,并把热电偶连接到温度显示仪表。

(3) 在送风管道内安放发烟剂,等烟雾到达一定浓度且稳定后,观测室内气流组织流态,采用烟雾法、逐点描绘法或者拍摄法记录某一平面的室内气流组织情况。

(4) 记录所测工作区、送回风口处的温度。

(5) 再选择一种送风形式,重复以上步骤进行实验。

7.5 实验数据记录与处理

7.5.1 实验数据记录

气流组织的能量利用系数实验数据记录表见表7-2。

表7-2 气流组织的能量利用系数实验数据记录表

测量人						测量日期	
						测量时间	
测量场所					测点布置		
仪器名称					仪器编号		
风口形状	送风方式	参数	单位(℃)	实测数据			平均值
		室内温度					
		送风温度					
		回风温度					

7.5.2 实验数据处理

1. 气流组织的能量利用系数测试结果处理

(1) 根据相机拍摄的气流组织效果图,分析该气流组织的流动情况。

(2) 记录相关测试数据,并按式(7-2)计算能量利用系数。

2. 换气率测试结果处理

依据《公共场所室内换气率测定方法》GB/T 18204.19相关方法,对测试数据进行处理。

1) 1 h 内自然进入室内空气量计算

(1) SF_6 法

采用 SF_6 作为示踪气体时,1 h 内自然渗入空气量的计算方法见式(7-3)。

$$M_a = 2.30257 \cdot M \cdot \lg \frac{c_1}{c_2} \tag{7-3}$$

式中,M_a——1 h 内自然渗入室内空气量(m^3/h);

M——室内空气量(m^3);

c_1——试验开始时空气中 SF_6 含量(mg/m^3);

c_2——1 h 内空气中 SF_6 含量(mg/m^3)。

(2) CO_2 法

采用 CO_2 作为示踪气体时,1 h 内自然渗入室内空气量的计算方法见式(7-4)。

$$M_a = 2.30257 \cdot M \cdot \lg \frac{c_1 - c_a}{c_2 - c_a} \tag{7-4}$$

式中,M_a——1 h 内自然渗入室内空气量(m^3/h);

M——室内空气量(m^3);

c_1——试验开始时空气中 CO_2 含量(mg/m^3);

c_2——1 h 内空气中 CO_2 含量(mg/m^3);

c_a——空气中 CO_2 含量,取 0.04%。

注:2.30257 是常用对数(lg)与自然对数($\lg_e$)的换算系数。

2) 小时换气率的计算

小时换气率计算方法见式(7-5)。

$$E = \frac{M_a}{M} \times 100\% \tag{7-5}$$

式中,E——小时换气率(%);

M_a——1 h 内自然渗入室内空气量(m^3/h);

M——室内空气量(m^3)。

7.6 典型案例分析

本案例主要对混合送风方式中的侧上送侧下回和上送上回两种送风方式进行分析与对比。比较相同风量时,不同送风方式下室内的气流速度场分布特点,考察空气龄及换气率大小。同种送风方式下,考察改变风量对这些参数的影响。

7.6.1 实验目的

(1) 了解评价室内空气质量的标准。

(2) 学会运用下降法测空气龄等送风有限性参数,通过实验体会空气龄与空气品质的关系。

(3) 学会运用示踪气体法测送风量。

(4) 利用数值模拟软件,模拟实际通风房间,实现各类典型的不同通风形式。通过对送风空气参数的调节和控制,进行室内空气流动与污染物传播的研究。

7.6.2 实验方案

1. 示踪气体法测风道中风量

(1) Airpak 数值模拟,示踪气体法可行性验证。
(2) 长直风道、单弯管、Z 形管风量测量,及多点释放方法的尝试。
(3) 使用示踪气体法测量实验房间的通风量。

2. 下降法测房间空气龄

测量房间内典型点(送风轴所在截面上点、人呼吸区点以及可能是死角的点等共 8 个点)的 CO_2 浓度。

3. 辅助计算机模拟

使用 STACH-3 软件对流场进行模拟,将各点的逐时浓度与实测值进行比较。
STACH-3 软件是清华大学建筑技术科学系自主开发的基于三维流体流动和传热的数值计算软件。该软件中,采用了经典的 k-ε 湍流模型和适于通风空调室内湍流模拟的 MIT 零方程湍流模型,用于求解不可压缩湍流流体的流动、传热和传质控制方程。同时,采用有限容积法进行离散,动量方程在交错网格上求解,对流差分格式可选上风差分、混合差分以及幂函数差分格式,算法为 SIMPLE 算法。

4. 气流组织评价

气流组织的描述参数可以作为气流组织优劣的评价指标。这些指标对气流组织的设计有着重要的指导意义。设计者可以通过评价指标来调整送风位置、送风量等,使室内的气流分布满足要求。

基于上述实验与计算机模拟结果的对比,对各种送风方式的优劣做简单评价。

5. 实验平台

(1) 预制 5 段 3 m 长截面为 0.2 m×0.2 m 的长直风道,可方便装卸,可组装成直管、弯管等。分别对不同工况进行测量。

(2) 实验房间尺寸为 3 m×4 m×3 m,可实现不同通风形式,底部架空 0.5 m 以便地板送风,实际测试空间为 3 m×4 m×2.5 m,如图 7-1 所示。

图 7-1 实验房间

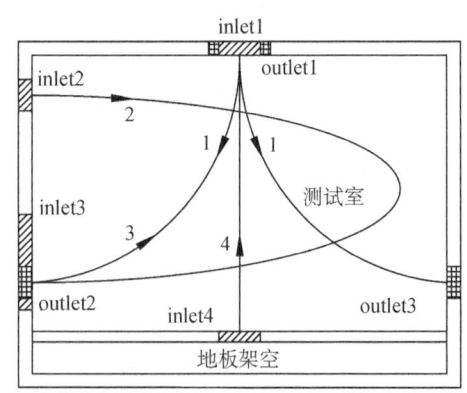

图 7-2 实验室送回风口及典型送风形式示意图

实验室需能实现各类典型通风形式,设计有 4 个送风口和 3 个回风口,可实现如下四类典型送风形式,具体包括顶送两侧回、上侧送下侧回、下侧送顶回(置换通风)和底送顶回(地板送风)。送风口用 inlet 表示,回风口用 outlet 表示;1,2,3,4 表示不同的送风形式,见图 7-2。此外,也可根据需要选择其他的送回风口组合。本次实验采用了侧上送侧下回、上送上回两种送风形式。

其中,送风口和回风口关于房间的中心面($Z=1.5$ m)对称分布,outlet2 与 inlet3 间隔 200 mm 放置;侧壁的风口侧上方距离顶面 100 mm,距离底面 200 mm。实验中用到的送风口和回风口的尺寸、位置及风口形式见表 7-3。侧上送侧下回使用 inlet2 和 outlet3;上送上回采用 inlet1 和 outlet1。

表 7-3 送风口和回风口设计参数

风口	尺寸(mm)	位置	风口形式
inlet1	180×180	顶部	散流器(图 7-3a)
inlet2	180×180	侧上	百叶风口(图 7-3b)
outlet1	180×180	顶部	百叶风口(图 7-3b)
outlet3	300×180	侧下	百叶风口(图 7-3b)

a) 散流器

b) 百叶风口

图 7-3 不同风口形式

6. 实验仪器

试验过程中所需要的仪器如二氧化碳传感器、风速仪和示踪气体等,具体见表7-4。

表 7-4 实验仪器

名称	规格	性能	实物图
二氧化碳传感器	扩散式6004	气体取样方式为流入或者扩散,测量范围从$0\sim0.2\%$至$0\sim5\%$	
释放气体装置	—	两级气压阀,可通过阀门开启程度,结合显示屏读数控制释放气体的强度	
计算机处理器	—	逐时记录各传感器读数,完成数据处理	
风机	—	—	

(续表)

名称	规格	性能	实物图
风速仪	—	—	
电风扇	—	—	

7. 实验流程

（1）分别测量风机参数为 35 Hz 时的送风量和 50 Hz 时的送风量。

（2）传感器校正与标定。将使用的传感器放到同一位置，实时监测得到的数据应大小相近。

（3）传感器位置设定。考虑不同送风方式的流场分布不同，使用侧上送侧下回送风方式时，将 8 个测点中的 5 个测点布置在送风轴截面上，送风口附近放置 1 个，排风口附近放置 1 个，其余 3 点各放置在 3 个不同的高度位置上，涵盖了人的坐与站立的呼吸区位置。测点布置实物图如图 7-4 所示，测点分布三维图如图 7-5 所示，各测点坐标分布见表 7-5。

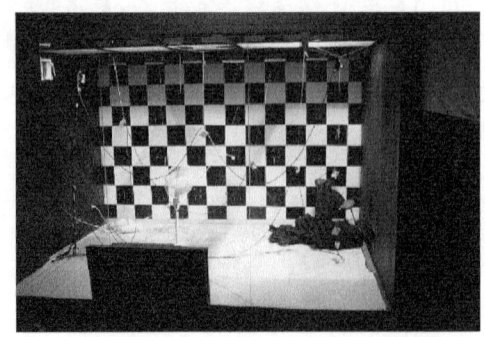

图 7-4 侧上送侧下回测点布置实物图

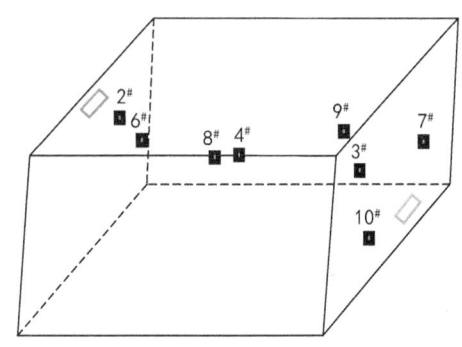

图 7-5 测点分布三维图

表 7-5 测点坐标

送风口	送风轴界面上测点(mm)	CO_2-2 (34, 207, 150)	CO_2-6 (90, 160, 150)
		CO_2-3 (305, 127, 150)	CO_2-10 (360, 30, 150)
		CO_2-4 (200, 150, 150)	CO_2-8 (此传感器坏了)
	可能是死角的点(mm)	CO_2-9 (345, 223, 30)	CO_2-7 (358, 77, 270)

(4) 采用下降法测量空气龄等送风有效性描述参数。关闭房间门,以一定强度通入示踪气体 CO_2,同时开电风扇至最大挡,搅匀气体。由于传感器对于 2 000 ppmv 以上的读数漂移较大,因此当室内 CO_2 浓度在 2 000 ppmv 左右的时候便可停止气体通入,仅用风机搅匀,直至各传感器读数偏差较小,表明房间内气体已经均匀混合。

(5) 开风机通风,先选用 50 Hz 的大风量。记录传感器的逐时读数,至房间内 CO_2 浓度降低到接近背景浓度时停止记录。

(6) 重复步骤(2)～(4),并将风机改为 35 Hz 的小风量,其他做法同步骤(5)。

(7) 改变送风方式为上送上回,校正传感器。测点重新设计布置方案,各测点坐标见表 7-6。

表 7-6 各测点分布坐标(mm)

CO_2-9 (155, 205, 150)		CO_2-7 (235, 205, 150)	
CO_2-4(187, 150, 150)			
CO_2-2 (40, 45, 150)	CO_2-6 (155, 35, 150)	CO_2-3 (235, 35, 150)	CO_2-10 (350, 12, 150)

(8) 重复步骤(3)～(6)。

(9) 实验数据处理。

(10) STACH-3 模拟,将模拟结果与实验结果相对照。总结分析不同送风方式的有效性参数之间的大小关系,综合评价这两种送风方式。

7.6.3 实验数据分析

1. 侧上送侧下回(50 Hz)

1) 测试结果

大风量情况下(50 Hz),各传感器的逐时测量值(每隔 2 s 计数)如图 7-6 所示。

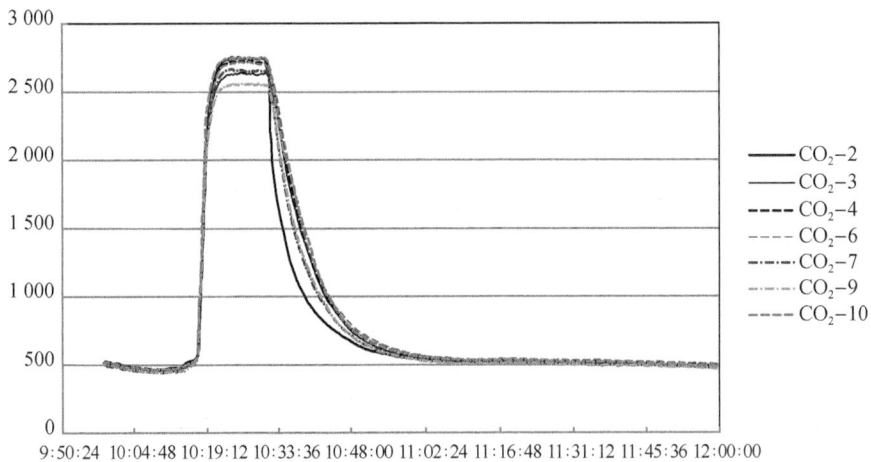

图 7-6 侧上送侧下回(50 Hz)各测点风量变化曲线

2) 参数计算

(1) 空气龄

计算空气龄的公式可近似为式(7-6)。

$$\tau_p = \frac{\int_0^\infty C_p(\tau)d\tau}{C_p(0)} \approx \frac{\sum C_p(\tau) \times d\tau}{C_p(0)} \tag{7-6}$$

式中，$C_p(\tau)$——测点 τ 时刻示踪气体浓度；

$C_p(0)$——测点初始时刻的示踪气体浓度。

当 $\Delta t = 2$ s 时，计算结果见表 7-7。

表 7-7 空气龄

序号	CO_2-2	CO_2-3	CO_2-4	CO_2-6	CO_2-7	CO_2-9	CO_2-10
空气龄(s)	400	621	649	692	560	581	649

(2) 换气次数和名义时间常数

假设在容积为 V 的房间内空气均匀混合，设污染物散发速率为 M，在通风前污染物浓度为 C_1，经过 t 时间后，室内污染物浓度变为 $C_2(t)$，送风中污染物的浓度为 C_s，通风量为 Q，则根据质量守恒可得式(7-7)：

$$C_2(t) = C_1 \exp\left(-\frac{Q}{V}t\right) + \left(\frac{M}{Q} + C_s\right)\left[1 - \exp\left(-\frac{Q}{V}t\right)\right] \tag{7-7}$$

可以看出，室内污染物浓度按照指数规律增加或者减少，其增减速率取决于 Q/V，该值的大小反映了房间通风变化规律，将其定义为换气次数，如式(7-8)所示。

$$n = \frac{Q}{V} \tag{7-8}$$

式中，n——房间的换气次数(次/h)；

Q——通风量(m^3/h)。

将 V/Q 定义为通风房间的名义时间常数,如式(7-9)所示。

$$\tau_n = V/Q \tag{7-9}$$

式中,τ_n——房间的名义时间常数(s);

V——房间容积(m^3);

Q——通风量(m^3/s)。

50 Hz 时使用喷嘴流量计测得压差换算后的风量值为 0.083 056 m^3/s。名义时间常数为 $4×3×2.5/0.083\ 056≈361.2$ s。换气次数 n 为 $0.083\ 056×3\ 600/(4×3×2.5)≈10$ 次。

(3) 换气率

换气率指新鲜空气置换原有空气的快慢与活塞通风下置换快慢的比,其公式如式(7-10)所示。

$$\eta_i = \frac{\tau_n}{\tau_p} × 100\% \tag{7-10}$$

式中,τ_p——已计算出的测点的空气龄。

由式(7-10)计算所得各测点换气率见表 7-8。

表 7-8 各测点换气率

序号	CO_2-2	CO_2-3	CO_2-4	CO_2-6	CO_2-7	CO_2-9	CO_2-10
换气率(%)	90.3	58.1	55.6	52.2	64.5	62.2	55.7

2. 侧上送侧下回(35 Hz)

1) 测试结果

小风量情况下(35 Hz),各传感器的逐时测量值(每隔 2 s 计数)如图 7-7 所示。

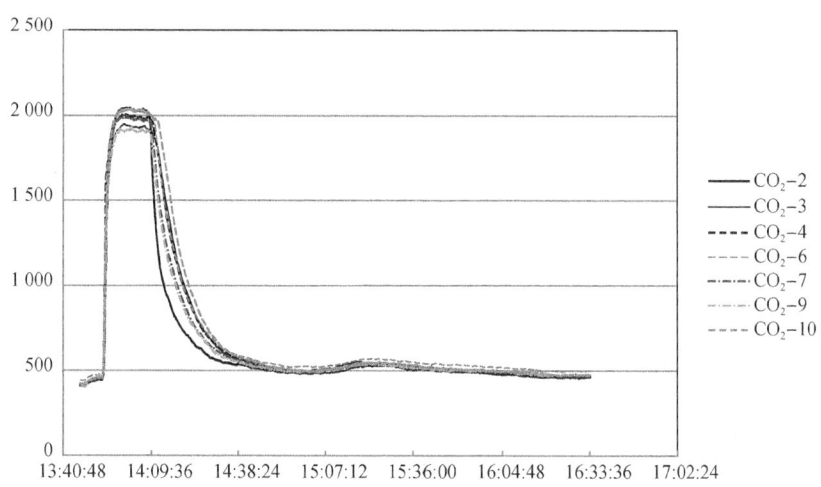

图 7-7 侧上送侧下回(35 Hz)各测点风量变化曲线

2) 参数计算

风量 $Q=0.0576 \text{ m}^3/\text{s}$ 条件下,采用上述方法计算各参数,结果见表 7-9。

表 7-9 侧上送侧下回(35 Hz)各参数计算结果

序号	CO_2-2	CO_2-3	CO_2-4	CO_2-6	CO_2-7	CO_2-9	CO_2-10
空气龄(s)	617.4	692.6	656	675	564	554	756
换气率(%)	84.4	52.1	55.2	53.5	64.0	65.2	47.8
名义时间常数(s)	520.8							
换气次数(次)	7							

3. 上送上回(50 Hz)

1) 测试结果

大风量情况下(50 Hz),各传感器的逐时测量值(每隔 2 s 计数)如图 7-8 所示。

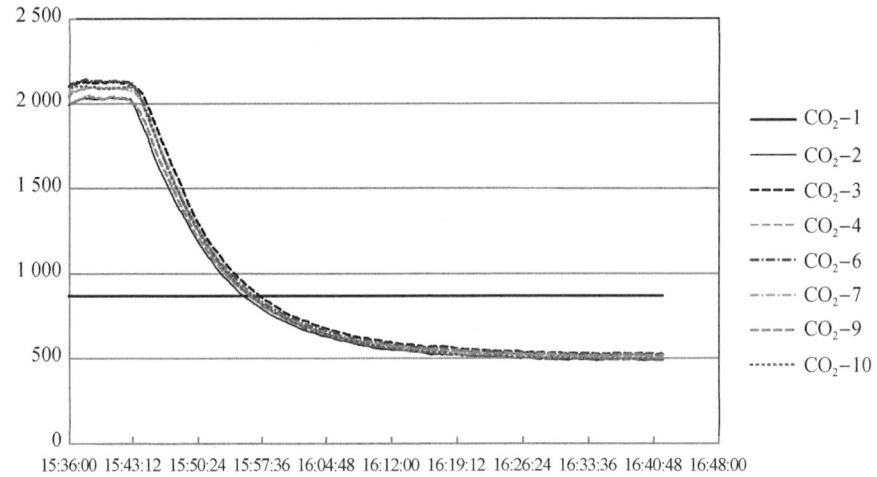

图 7-8 上送上回(50 Hz)各测点风量变化曲线

2) 参数计算

采用上述方法计算各参数,结果见表 7-10。

表 7-10 上送上回(50 Hz)各参数计算结果

序号	CO_2-2	CO_2-3	CO_2-4	CO_2-6	CO_2-7	CO_2-9	CO_2-10
空气龄(s)	545	624	567	587	589	592	574
换气率(%)	66.3	57.9	63.7	61.5	61.3	61.0	63.0
名义时间常数(s)	361.2							
换气次数(次)	10							

4. 上送上回(35 Hz)

1) 测试结果

小风量情况下(35 Hz),各传感器的逐时测量值(每隔 2 s 计数)如图 7-9 所示。

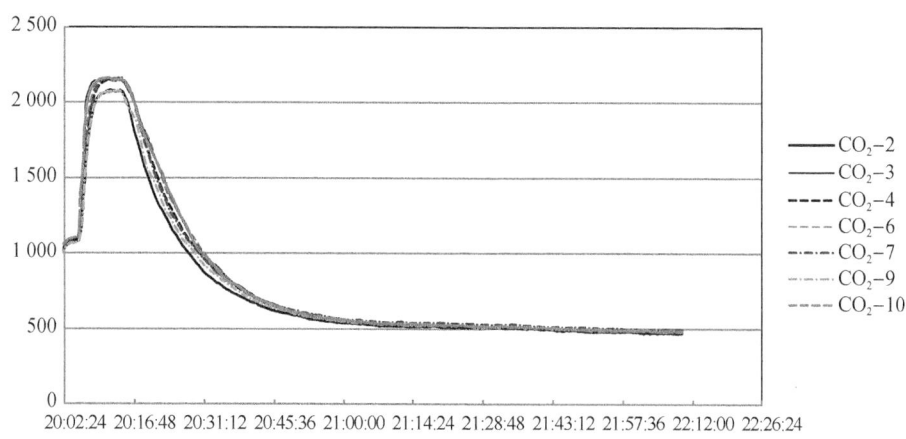

图 7-9　上送上回(35 Hz)各测点风量变化曲线

2) 参数计算

采用上述方法计算各参数,结果见表 7-11。

表 7-11　上送上回(35 Hz)各参数计算结果

序号	CO_2-2	CO_2-3	CO_2-4	CO_2-6	CO_2-7	CO_2-9	CO_2-10
空气龄(s)	1 213	1 177	1 197	1 173	1 298	1 221	1 218
换气率(%)	42.9	44.3	43.5	44.4	40.1	42.6	42.8
名义时间常数(s)	520.8							
换气次数(次)	7							

5. STACH 模拟结果

不同送回风形式、不同风量下室内气流分布如图 7-10~图 7-13 所示。

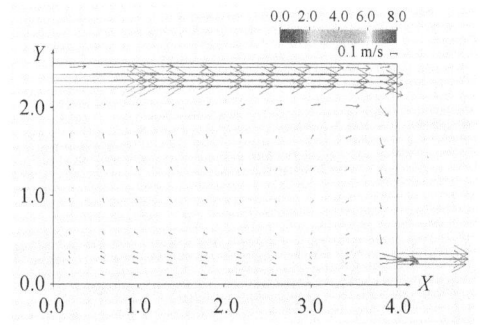

图 7-10　小风量侧上送侧下回(35 Hz)

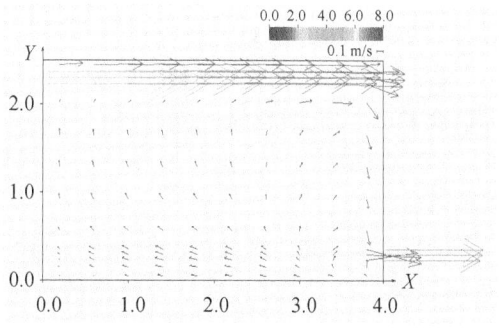

图 7-11　大风量侧上送侧下回(50 Hz)

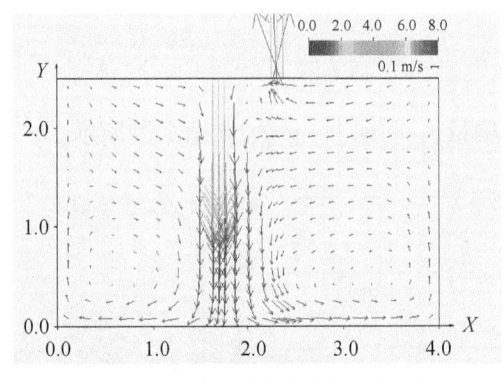 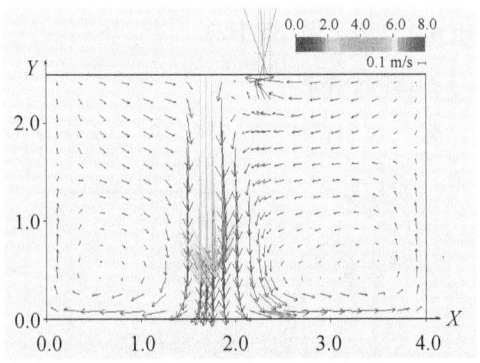

图 7-12　小风量上送上回(35 Hz)　　　　图 7-13　大风量上送上回(50 Hz)

7.6.4　实验结论

(1) 两种送风方式的测量结果均表明:送风口处空气龄最小,也就是说该点处空气最新鲜,这一结果也与预测相符合。以侧上送侧下回为例加以说明,图 7-14 中 2 号测点位于送风口处。

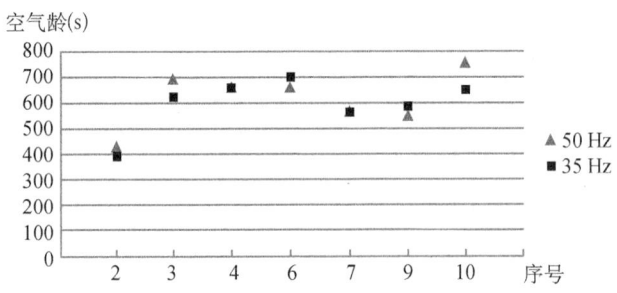

图 7-14　侧上送侧下回不同送风量时各测点空气龄对比

(2) 同一种工况下,除送风口处测点外,其余位置传感器测得的空气龄值相差不大。说明空气混合较为均匀,这与预测相符合,说明混合送风形式室内空气混合较为均匀。

(3) 送风量相同的情况下,侧上送侧下回的空气龄值小于上送上回,换气率高于上送上回。这与预测相符合,说明侧上送侧下回是较优的送风方式。以 35 Hz 为例具体分析说明,如图 7-15 所示。

(4) 同一种送风方式,送风量越大则房间内各点的空气龄值越小,换气率越高,换气次数越多,排污能力越强。以上送上回为例具体分析说明,如图 7-16 所示。

(5) 由图 7-16 还可以看出,送风量越大,室内空气混合得越均匀,空气龄值差异越小。

(6) 由模拟的流场分析可知,对于这两种送风方式,排风口的位置对流场分布的影响较小,送风口位置的不同决定了流场的不同,另外送风量也对流场有一定的影响。

综合以上分析,总体比较可以发现,侧上送侧下回的送风有效性要高于上送上回;送风口处空气龄最小;混合送风形式室内空气较为均匀。

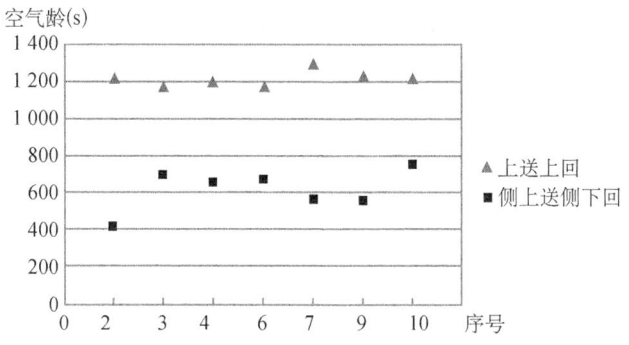

图 7-15　侧上送侧下回与上送上回相同送风量时各测点空气龄对比

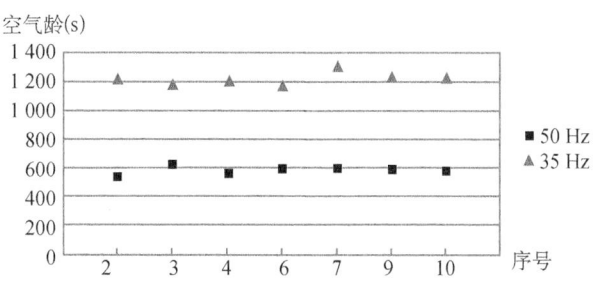

图 7-16　上送上回不同送风量时各测点空气龄对比

7.7　其他案例简介

与本实验项目相关的其他测试内容如表 7-12 所示。

表 7-12　其他测试

序号	题目	简介
1	不同类型气流源的气流动态特征分析	学习掌握室内环境气流的测试方法;了解人工制取的机械风、仿自然风与自然界中的自然风在基本特征上的简单差异;基于受试者体验,提出室内热环境中动态气流之于人体热舒适的个人理解
2	教室环境通风与相关节能方法综述	通过文献调研,对现有的教室通风、节能方式的前沿研究进行总结,并分析其优缺点。具体内容如下:通过对相关文献检索,分别对通风方式和通风相关的节能方式进行总结,分析不同方式的优缺点;选出 1～2 个最为可行的方案,或自己提出新的方案

第8章 建筑围护结构热工性能测试设计与案例

8.1 实验目的

（1）了解建筑围护结构热量传递与得热基本理论。
（2）熟悉建筑围护结构热工性能测试所需设备和仪器测量原理。
（3）掌握围护结构热工性能基本测试方法和评价方法。

8.2 实验测试内容

围护结构热工性能参数主要包括传热系数、热工缺陷和漏风量等。外围护结构热工缺陷检测应包括外表面热工缺陷检测、内表面热工缺陷检测。依据《居住建筑节能检测标准》JGJ/T 132，采用冷热箱法原理测量围护结构主体部位传热系数，利用红外热像仪测量建筑围护结构热工缺陷，利用气密性检测仪现场测试外窗窗口气密性。

8.3 实验测试仪器

本实验所需要的主要测试仪器包括热流计、红外热像仪、气密性检测仪、表面式温度计、温度自记仪、大气压力表、万向风速仪和卷尺等，具体要求如表 8-1 所示。

表 8-1 围护结构热工性能测试所需仪器要求

测量参数	测试仪器	量程	测试精度
围护结构主体传热系数	热流计	$0\sim\pm99\ 999\ W/m^2$ $-40\sim150℃$	$\pm2\ W/m^2$
外围护结构热工缺陷	红外热像仪	波长范围应为 $8.0\sim14.0\ \mu m$	传感器温度分辨率不应大于 0.08℃，红外热像仪的像素不应少于 76 800 点
外窗窗口漏风量	气密性检测仪	风压测试范围：$-500\sim500\ Pa$；最大送风量：$51\ m^3/h$	$\pm10\%$
墙体表面温度	表面式温度计	$-10\sim50℃$	$\pm0.5℃$
环境温度	温度自记仪	$-10\sim50℃$	$\pm0.5℃$

(续表)

测量参数	测试仪器	量程	测试精度
大气压	大气压力表	800~1 060 hPa	2 hPa
室外风速	万向风速仪	0.05~30 m/s	0.01 m/s
长度	卷尺	0~5 m	±0.2 mm

8.4 实验测试方法及注意事项

8.4.1 围护结构主体部位传热系数测试方法及注意事项

1. 测试方法

（1）将热流计直接安装在受检围护结构的内表面上，且应与表面完全接触。

（2）温度传感器应安装在受检围护结构两侧表面。内表面温度传感器应靠近热流计安装，外表面温度传感器宜在与热流计相对应的位置安装。温度传感器连同0.1 m长引线应与受检表面紧密接触，传感器表面的辐射系数应与受检表面基本相同。

（3）记录热流密度和内、外表面温度，记录时间间隔不应大于60 min。可记录多次采样数据的平均值，采样间隔宜短于传感器最小时间常数的1/2。

2. 注意事项

（1）围护结构主体部位传热系数的检测宜在受检围护结构施工完成至少12个月后进行。

（2）测点位置不应靠近热桥、裂缝和有空气渗漏的部位，不应受加热、制冷装置和风扇的直接影响，且应避免阳光直射。

（3）检测时间宜选在最冷月，且应避开气温剧烈变化的天气。对设置采暖系统的地区，冬季检测应在采暖系统正常运行后进行；对未设置采暖系统的地区，应在人为适当地提高室内温度后进行检测。在其他季节，可采取人工加热或制冷的方式建立室内外温差。

（4）围护结构高温侧表面温度应高于低温侧10 ℃以上，且在检测过程中的任何时刻均不得等于或低于低温侧表面温度。当传热系数小于1 W/(m²·K)时，高温侧表面温度宜高于低温侧10 ℃以上。

（5）检测持续时间不应少于96 h，检测期间室内空气温度应保持稳定，受检区域外表面宜避免雨雪侵袭和阳光直射。

8.4.2 外围护结构热工缺陷测试方法及注意事项

1. 测试方法

(1) 采用表面式温度计在受检表面上测出参照温度,调整红外热像仪的发射率,使红外热像仪的测定结果等于该参照温度。

(2) 受检表面同一个部位的红外热像图不应少于 2 张。当拍摄的红外热像图中主体区域过小时,应单独拍摄 1 张以上(含 1 张)主体部位红外热像图。应用图说明受检部位的红外热像图在建筑中的位置,并应附上可见光照片。红外热像图上应标明参照温度的位置,并应随红外热像图一起提供参照温度的数据。

2. 注意事项

(1) 检测前至少 24 h 内室外空气温度的逐时值与开始检测时的室外空气温度相比,其变化不应大于 10℃。

(2) 检测前至少 24 h 内和检测期间,建筑物外围护结构内外平均空气温度差不宜小于 10℃。

(3) 检测期间与开始检测时的空气温度相比,室外空气温度逐时值变化不应大于 5℃,室内空气温度逐时值变化不应大于 2℃。

(4) 1 h 内室外风速(采样时间间隔为 30 min)变化不应大于 2 级(含 2 级)。

(5) 检测开始前至少 12 h 内受检的外表面不应受到太阳直接照射,受检的内表面不应受到灯光的直接照射。

(6) 室外空气相对湿度不应大于 75%,空气中粉尘含量不应异常。

8.4.3 外窗窗口气密性能测试方法及注意事项

1. 测试方法

(1) 对受检外窗的观感质量应进行目检,当存在明显缺陷时,应停止该项检测。检测开始时,应对室内外空气温度、室外风速和大气压力进行检测。

(2) 连续开启和关闭受检外窗 5 次,受检外窗应能工作正常。

(3) 检测装置应在受检外窗已完全关闭的情况下安装在外窗洞口处;当受检外窗洞口尺寸过大或形状特殊时,宜安装在受检外窗所在房间的房门洞口处。

(4) 正式检测前,应向密闭腔(室)中充气加压,使其内外压差达到 150 Pa,稳定时间不应少于 10 min,其间应采用手感法对密封处进行检查,不得有漏风的感觉。

(5) 检测装置的附加渗透量应进行标定,标定时外窗本身的缝隙应采用胶带从室外侧进行密封处理,密封质量的检查程序和方法应符合步骤 4 的规定。

(6) 应按照图 8-1 所示减压顺序进行逐级减压,每级压差稳定作用时间不应少于 3 min,记录逐级作用压差下系统的空气渗透量,利用该组检测数据通过回归方程求得在减压工况下,压差为 10 Pa 时,检测装置本身的附加空气渗透量。

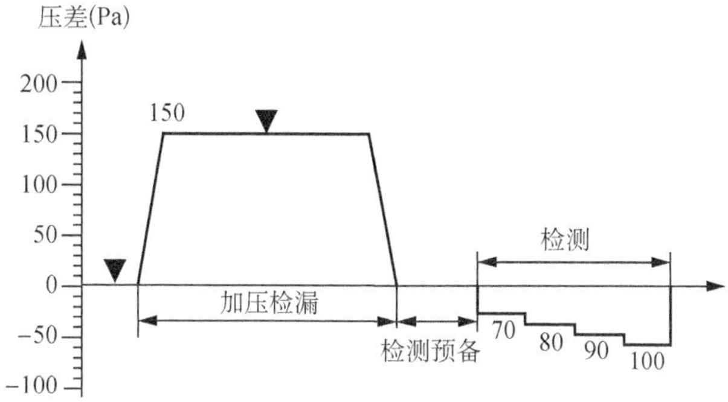

注:黑色倒三角表示检查密封处的密封质量。

图 8-1 外窗窗口气密性能检测操作顺序

(7) 将外窗室外侧胶带揭去,然后重复步骤 6 的操作,并计算压差为 10 Pa 时外窗窗口总空气渗透量。

(8) 检测结束时应对室内外空气温度、室外风速和大气压力进行检测并记录,取检测开始和结束时两次检测结果的算术平均值作为环境参数的最终检测结果。

2. 注意事项

(1) 外窗窗口气密性能的检测应在受检外窗几何中心高度处的室外瞬时风速不大于 3.3 m/s 的条件下进行。

(2) 对室内外空气温度、室外风速和大气压力等环境参数应进行同步检测。

(3) 在开始正式检测前,应对检测系统的附加渗透量进行一次现场标定。标定用外窗应为受检外窗或与受检外窗相同的外窗。附加渗透量不应大于受检外窗窗口空气渗透量的 20%。

(4) 在检测装置、人员和操作程序完全相同的情况下,在检测装置的标定有效期内,当检测其他相同外窗时,检测系统本身的附加渗透量不宜再次标定。

(5) 每樘受检外窗的检测结果应取连续 3 次检测值的平均值。

8.5 实验数据记录与处理

8.5.1 围护结构主体部位传热系数

围护结构主体部位传热系数记录表见表 8-2。

表 8-2 围护结构主体部位传热系数记录表

测量人		测量日期	
测量场所			

(续表)

测点位置					
仪器名称					
内表面热阻 R_i（查规范得）			外表面热阻 R_e		
测量时间	内表面温度（℃）	外表面温度（℃）	热流密度1（W/m²）	热流密度2（W/m²）	平均热流密度（W/m²）

8.5.2 外围护结构热工缺陷

外围护结构热工缺陷温度数据记录表见表8-3。

表8-3 外围护结构热工缺陷温度数据记录表

测量人		测量日期		环境温度	
测量场所				测点位置	
仪器名称				仪器编号	
测量时间	所测参数	单位	实测数据		实测数据平均值
	温度	℃			
……					

8.5.3 外窗窗口气密性能

外窗窗口气密性能检测数据记录表见表8-4和表8-5。

表8-4 环境参数记录表

测量人		测量日期		天气	
测量场所				测点位置	
仪器名称				仪器编号	

(续表)

测量时间	所测参数	单位	实测数据	实测数据平均值
开始时间	温度	℃		
	相对湿度	%		
	风速	m/s		
	大气压	Pa		
结束时间	温度	℃		
	相对湿度	%		
	风速	m/s		
	大气压	Pa		

表8-5 空气渗透量与压差数据记录表

测量人		测量日期		天气	
测量场所			测点布置		
仪器名称			仪器编号		
测量时间	所测参数	单位	实测数据		实测数据平均值
	渗透量	m³/h			
	压差	Pa			
	渗透量	m³/h			
	压差	Pa			
	渗透量	m³/h			
	压差	Pa			
……					

8.6 典型案例分析

8.6.1 实验目的

本案例选取可满足测试条件的宿舍建筑,通过现场测量让学生了解红外热像仪、热流计、气密性测试装置的使用方法,掌握围护结构热工缺陷、传热系数、门窗气密性等测试方法,并能对实验过程中的误差进行分析。

8.6.2 实验方案

1. 测试对象

经对室内条件要求考虑,选择某校区学生宿舍楼某房间作为检测对象。该宿舍位于整个宿舍楼的2层(共6层),只有一面墙与外界环境接触,墙外面有一个小阳台,墙上有一个不开的小玻璃窗和一个落地式可开合的阳台门。其余有两面墙分隔的是隔壁宿舍,另一面墙分隔走廊。该宿舍在整栋宿舍楼的阴面(朝向西北),符合检测条件中外表面不受太阳光直射的要求,围护结构外表面的温度比阳面房间的低,内外温差相较而言更大,能有更好的实验效果。检测围护结构热工缺陷和测量围护结构传热系数都需要提前为室内供热,营造室内外温差。

2. 测试仪器

本实验所需测试仪器有热流计(含温度传感器)、表面式温度自记仪、红外热像仪和气密性检测仪等。

3. 实验测试过程

1) 围护结构主体部位传热系数测试

房间提前预热,使室内外温差达到10℃以上,并且保持稳定(室外波动不大于5℃,室内不大于2℃)。将热流计探头直接用胶带粘贴在外墙内表面上,做到与表面完全接触。为减小测量误差,将两个探头相近地装贴在表面上,把表面式温度自记仪贴在热流计探头旁边(图8-2)。找到与热流计探头装贴处水平的外墙位置,把表面式温度自记仪贴在该外墙位置上。开始记录热流密度和内、外表面温度,共记录48 h的数据,热流计和两个表面式温度自记仪的记录间隔都是5 min。每1 h取一组记录结果,并且选取结果较好的某一24 h间隔内的数据进行计算。

图8-2 热流计和内壁表面式温度自记仪现场测试图

2) 外围护结构热工缺陷

在进行外围护结构热工缺陷检测时,要确保正式检测前24 h内室外空气温度的逐时值与开始检测时的室外空气温度相比,其变化不应大于10℃。建筑物外围护结构内外平均空气温度差不宜小于10℃。检测期间与开始检测时的空气温度相比,室外空气温度逐时值变化不应大于5℃,室内空气温度逐时值变化不应大于2℃。1 h内室外风速(采样时间间隔为30 min)变化不应大于2级(含2级)。检测开始前至少12 h内受检的外表面不应受到太阳直接照射,受检的内表面不应受到灯光的直接照射。室外空气相对湿度不应大于75%,空气中粉尘含量不应异常。

3)外窗窗口气密性能测试

实验开始时,先检测室内外空气温度、室外风速和大气压力,并测量阳台门的面积。使用可变铝框架将尼龙罩面紧密贴在房间内阳台门的四周,将风机放入尼龙罩面的下方空当处,并用胶带将框架和四周墙壁紧密粘贴,安装图见图8-3。取下两个风机圆孔上的遮罩,调好量程为 C_2,启动风机,使内外形成设定的稳定压差;在 21:50 时将压差设置为 80 Pa,当压差到达 80 Pa 附近时,记录下 3 组压差和渗透量的值;在 22:00 时将压差设置为 80 Pa,当压差到达 70 Pa 附近时,记录下 3 组压差和渗透量的值;在 22:15 时将压差设置为 60 Pa,当压差到达 80 Pa 附近时,记录下 3 组压差和渗透量的值。

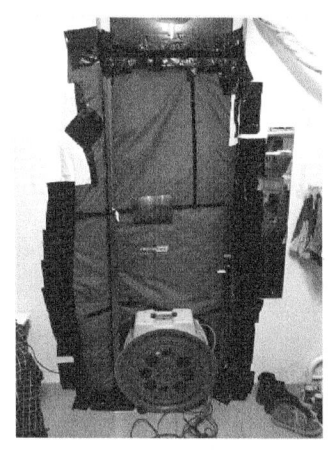

图 8-3 现场测试安装图

8.6.3 实验数据分析

1. 围护结构主体部位传热系数检测数据及分析

原始实验测试数据记录表见表 8-6。

表 8-6 围护结构主体部位传热系数记录表

测量人	×××	测量日期	2019.11.27—2019.11.29		
测量场所	某宿舍				
测点位置	阳台门左侧墙壁				
仪器名称	热流计 HFM-215N、表面式温度自记仪 WZY-1A				
内表面热阻 R_i(查规范得)	0.11 m²·K/W		外表面热阻 R_e	0.04 m²·K/W	
测量时间	内表面温度(℃)	外表面温度(℃)	探头1热流密度(W/m²)	探头2热流密度(W/m²)	平均热流密度(W/m²)
2019/11/27 19:00	21.1	10.4	−30.57	−25.86	−28.22
2019/11/27 20:00	21.3	10.2	−30.90	−25.53	−28.22
2019/11/27 21:00	21.2	10.1	−28.22	−22.84	−25.53
2019/11/27 22:00	21.3	10.2	−29.56	−24.19	−26.87
2019/11/27 23:00	21.3	10.1	−31.24	−26.54	−28.89
2019/11/28 0:00	21.2	10.1	−25.86	−20.83	−23.35
2019/11/28 1:00	21.1	10.3	−25.86	−21.16	−23.51
2019/11/28 2:00	20.8	10.1	−22.84	−18.81	−20.83

(续表)

测量时间	内表面温度（℃）	外表面温度（℃）	探头1热流密度(W/m²)	探头2热流密度(W/m²)	平均热流密度(W/m²)
2019/11/28 3:00	20.6	9.8	−22.51	−18.14	−20.32
2019/11/28 4:00	20.5	9.7	−22.17	−17.80	−19.99
2019/11/28 5:00	20.4	9.3	−22.17	−17.47	−19.82
2019/11/28 6:00	20.3	9.3	−23.18	−18.81	−20.99
2019/11/28 7:00	20.2	9.1	−23.51	−18.47	−20.99
2019/11/28 8:00	20.2	9.3	−23.85	−18.81	−21.33
2019/11/28 9:00	20.0	10.1	−24.86	−19.82	−22.34
2019/11/28 10:00	19.9	10.6	−22.17	−17.80	−19.99
2019/11/28 11:00	19.7	11.0	−22.17	−17.47	−19.82
2019/11/28 12:00	19.7	11.7	−27.54	−23.18	−25.36
2019/11/28 13:00	20.0	12.3	−29.22	−24.52	−26.87
2019/11/28 14:00	20.1	11.8	−28.55	−23.51	−26.03
2019/11/28 15:00	20.3	11.5	−27.88	−23.85	−25.86
2019/11/28 16:00	20.4	11.3	−28.55	−23.85	−26.20
2019/11/28 17:00	20.4	10.8	−26.87	−21.83	−24.35
2019/11/28 18:00	20.5	10.4	−26.54	−22.17	−24.35
2019/11/28 19:00	20.2	10.1	−22.51	−18.47	−20.49
2019/11/28 20:00	20.3	9.9	−25.53	−21.16	−23.35
2019/11/28 21:00	20.4	9.7	−26.87	−22.17	−24.52
2019/11/28 22:00	20.4	9.4	−25.53	−20.49	−23.01
2019/11/28 23:00	20.4	9.3	−26.20	−21.16	−23.68
2019/11/29 0:00	20.4	8.9	−26.54	−21.16	−23.85
2019/11/29 1:00	20.4	8.9	−26.87	−21.83	−24.35
2019/11/29 2:00	20.3	8.9	−24.86	−20.15	−22.51
2019/11/29 3:00	20.2	9.1	−24.52	−19.48	−22.00
2019/11/29 4:00	20.1	9.3	−23.85	−19.48	−21.67
2019/11/29 5:00	20.0	9.3	−25.86	−20.15	−23.01
2019/11/29 6:00	19.9	9.3	−25.53	−21.16	−23.35
2019/11/29 7:00	19.8	9.6	−26.20	−21.16	−23.68
2019/11/29 8:00	19.8	10.2	−28.56	−20.83	−23.35
2019/11/29 9:00	19.8	11.0	−26.20	−21.50	−23.85

(续表)

测量时间	内表面温度(℃)	外表面温度(℃)	探头1热流密度(W/m²)	探头2热流密度(W/m²)	平均热流密度(W/m²)
2019/11/29 10:00	19.8	11.7	−27.54	−22.17	−24.86
2019/11/29 11:00	19.8	11.7	−27.21	−22.17	−24.69
2019/11/29 12:00	20.0	13.3	−29.56	−24.19	−26.87
2019/11/29 13:00	20.1	13.7	−28.55	−24.52	−26.54
2019/11/29 14:00	20.2	13.2	−24.52	−20.15	−22.34
2019/11/29 15:00	20.0	12.9	−22.51	−18.14	−20.32
2019/11/29 16:00	20.4	12.3	−27.21	−23.18	−25.19
2019/11/29 17:00	20.3	11.8	−22.17	−18.14	−20.15
2019/11/29 18:00	20.2	11.7	−20.49	−17.13	−18.81
2019/11/29 19:00	20.2	11.0	−20.83	−17.13	−19.98

采用算术平均法进行数据分析。由测试数据可知，围护结构主体部位热阻末次计算值为 0.482 2(m²·K/W)，24 h 之前主体部位热阻计算值为 0.475 5(m²·K/W)，二者计算值之差为 1.4%。检测时间内第一个 INT(2XDT/3)天内围护结构主体部位热阻为 0.426(m²·K/W)，最后一个同样长天数内围护结构主体部位热阻为 0.410(m²·K/W)，二者计算值之差为 3.8%，故可采用算术平均法进行数据分析。

因要求使用全天数据(24 h 的整数倍)进行计算，取 2019/11/28 0:00—2019/11/29 0:00 的数据进行计算。根据《居住建筑节能设计标准》DGJ 08—205，该建筑外墙平均传热系数 K_m 应满足 $K_m \leqslant 1.2$ W/(m²·K)。而本实验中仅测了主体部位传热系数 $U=1.69$ W/(m²·K)就已经大于 1.2，如果计入热桥影响，传热系数必将增大。因此，判断出该外墙传热系数不符合《居住建筑节能设计标准》DGJ 08—205 的要求。

2. 外围护结构热工缺陷检测数据及分析

宿舍装有一个分体式空调，空调室内机为壁挂式，悬挂在阳台门上方，室外机架在外墙东侧。检测中对室内环境加热依靠的便是该空调的制热模式。现场环境测试数据结果见表 8-7 和表 8-8。

表 8-7 测试条件分析表

室外空气温度逐时值与室外空气初始温度差(℃)	室内外空气温度差(℃)	室外空气温度逐时值变化(℃)	室内空气温度逐时值变化(℃)	室外空气相对湿度(%)
0	13.9	—	—	86.8
−0.2	14.1	−0.2	0	87.6
0.6	13.3	0.8	0	87.4
0.3	14.6	−0.3	1.0	87.6

(续表)

室外空气温度逐时值与室外空气初始温度差(℃)	室内外空气温度差(℃)	室外空气温度逐时值变化(℃)	室内空气温度逐时值变化(℃)	室外空气相对湿度(%)
0.2	15.0	−0.1	0.3	87.9
0	14.5	−0.2	−0.7	87.9
0.1	14.5	0.1	0.1	88.3
0.1	14.7	0	0.2	87.6
0.3	14.4	0.2	−0.1	86.0
0.4	14.2	0.1	−0.1	80.0
0.3	13.5	−0.1	−0.8	72.5
−0.1	13.6	−0.4	−0.3	69.9
−0.1	13.4	0	−0.2	68.6
−0.7	13.9	−0.6	−0.1	65.1
−0.6	13.8	0.1	0	67.8
−0.7	13.8	−0.1	−0.1	73.1
−0.8		−0.1	−0.1	67.4
0.5	12.5	1.3	0	68.6
0.9	11.8	0.4	−0.3	62.3
1.5	10.7	0.6	−0.5	60.6
2.1	10.7	0.6	0.6	58.7
2.5	10.6	0.4	0.3	58.4
1.8	11.5	−0.7	0.2	59.1
1.4	11.9	−0.4	0	60.3
1.2	12.3	−0.2	0.1	59.1
0.7	12.6	−0.5	−0.2	62.3
均小于10℃	均大于10℃	绝对值均小于5℃	绝对值均小于2℃	—

表8-8 外围护结构热工缺陷温度数据记录表

测量人	×××	测量日期	2019.12.03	环境温度	10℃
测量场所	某宿舍		测点位置	北侧区域正对前方5 m一楼处	
测量时长	10 min		测量时间间隔	2 min	
仪器名称	红外热像仪		仪器编号	FLR-TG165	
测量时间	所测参数	单位	实测数据		实测数据平均值
16:40	参考温度	℃	10.4	10.2	10.3

外围护结构红外热像图和实物图如图 8-4 所示。

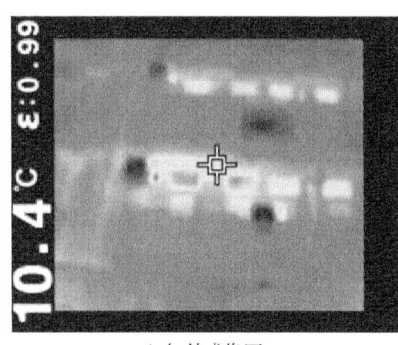
a) 红外成像图

b) 实物图

图 8-4　外围护结构红外热像图和实物图

由于实际拍摄角度问题,有部分区域被栏杆挡住,无法拍摄到红外图像,所以在实际计算中只计算栏杆以上到顶的区域。且将被空调挡住的部分当作与主体平均温度接近的部分,即不算入缺陷区域。受检外表面的热工缺陷应采用相对面积评价,受检内表面的热工缺陷应采用能耗增加比评价。缺陷部分如图 8-5 所示。

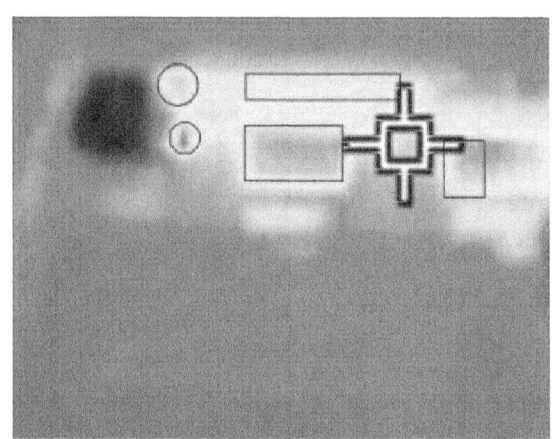

图 8-5　外围护结构缺陷区域分析

实验求得的 $\varphi=11.81\%$,能耗增加比为 1.16%,满足《居住建筑节能检测标准》JGJ/T 132 的要求。

3. 外窗窗口气密性能检测数据及分析

1) 实验数据

宿舍门窗尺寸为 0.72 m×2.00 m,测试数据见表 8-9 和表 8-10。

表 8-9　环境参数记录表

测量人	×××	测量日期	2019.12.5	天气	多云
测量场所	某宿舍		测点位置	阳台和宿舍内部空间	

(续表)

测量时间	所测参数	单位	实测数据			实测数据平均值
开始时间 20:00	室内温度	℃	23	23	24	23
	室外温度	℃	14	13	13	13
	风速	m/s	3	3	3	3
	大气压	Pa	103 500	103 500	103 500	103 500
结束时间 22:50	室内温度	℃	21	22	23	22
	室外温度	℃	8	9	9	9
	风速	m/s	5	5	5	5
	大气压	Pa	103 500	103 500	103 500	103 500

表 8-10 空气渗透量与压差数据记录表

测量人	×××	测量日期	2019.12.5	天气	多云
测量场所	某宿舍		测点位置	阳台门	
仪器名称	Retrotec 气密性检测设备		仪器编号	Retrotec 1000	

测量时间	所测参数	单位	实测数据			实测数据平均值
21:50	渗透量	m³/h	190	196	195	193.7
	压差	Pa	79.2	79.6	80.3	79.7
22:01	渗透量	m³/h	156	158	156	156.7
	压差	Pa	70.6	69.9	71.1	70.5
22:15	渗透量	m³/h	113	120	113	115.3
	压差	Pa	59.6	61.2	59.6	60.1

2) 数据处理分析

(1) 现场检测条件下且受检外窗内外压差为 10 Pa 时,总空气渗透量(Q_{za})应根据回归方程计算,拟合曲线如图 8-6 所示。

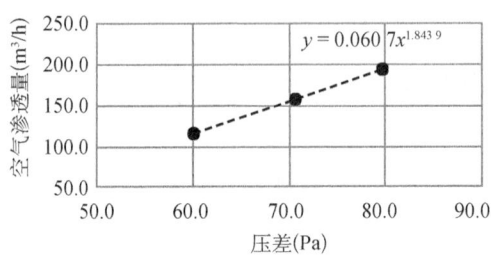

图 8-6 渗透量-压差拟合曲线图

回归方程如式(8-1)所示。

$$Q_{渗} = 0.060\ 7\Delta P^{1.843\ 9} \tag{8-1}$$

(2) 外窗窗口单位空气渗透量应按式(8-2)计算。

$$Q_z = \frac{293}{101.3} \times \frac{B}{(t+273)} \times Q_{za}$$

$$q_a = \frac{Q_z}{A_w} \tag{8-2}$$

式中，q_a——外窗窗口单位空气渗透量[m³/(m²·h)]；

Q_{za}，Q_z——分别为现场检测条件和标准空气状态下，受检外窗内外压差为 10 Pa 时，受检外窗窗口(包括检测系统在内)的总空气渗透量(m³/h)；

A_w——受检外窗窗口的面积(m)，当外窗形状不规则时应计算其展开面积；

t——检测装置附近的室内空气温度(℃)；

B——检测现场的大气压力(kPa)。

经计算得

$$Q_{za} = 4.24\ \text{m}^3/\text{h}$$

$$Q_z = 4.29\ \text{m}^3/\text{h}$$

$$q_a = 2.98\ \text{m}^3/\text{h}$$

外窗的气密性能是影响建筑空调能耗的一个非常重要的因素。为了节能和改善室内热环境，外窗的气密性检测必不可少。外窗窗口墙与外窗本体的结合部应严密，外窗窗口单位空气渗透量应满足《建筑外门窗气密、水密、抗风压性能分级及检测方法》GB/T 7106 中的要求。经检测，该阳台门气密性合格。

8.6.4 实验结论

1. 围护结构主体部位传热系数检测误差分析

(1) 仪器自身误差：在使用热流计的不同探头测量同一位置时，不同探头显示的热流密度值不同，且平均差值为 3 W/m²，故选取了测值较为相近的两个探头进行测量，但仍有一定误差。

(2) 实验条件受限：本实验要求室内和室外各自温度变化较小，但是根据测试时间的天气情况，很难达到。本实验中室外最大温差为 13℃；室内虽然保持空调暖气常开，但由于人员常常进出宿舍导致温度也很难稳定，实验中室内最大温差为 9.1℃。室内外温度变化较大可能会导致热流计测量值波动大，带来一定误差。

(3) 检测时间不适宜：检测时间宜选在最冷月，且应避开气温剧烈变化的天气。实验时气温还未达到最冷月，且上海地区早中晚室外温差较大，难以使得室内外时刻保持较大的温差。

(4) 测点选择误差：按照标准，空气温度测点应距离墙壁 500～800 mm，但在实验中难以做到,对实验结果造成一定的影响。

2. 外围护结构热工缺陷检测误差分析

(1) 本次实验所使用的红外热像仪只能显示一点的温度,对后续计算平均温度带来很大的误差,且需要的区域只占了拍摄图片的一小块,不能看得很精确。只能根据标准比色尺,粗略估计大致的温度,以此来划分缺陷区域,会对实验结果造成一定的影响。

(2) 红外热像图的分析是人工划线分割缺陷区域,这个过程中存在很大的主观意向,且凭借的标准比色尺与仪器用的可能会不匹配。因此,在数据处理的过程中,非常粗略,会有粗大误差存在的可能性。

(3) 外墙和窗的尺寸是手工测量,存在一定的尺寸测量误差。同时在计算中,也对原本倾斜的面积部分做了一定的简化,有误差存在。

(4) 被栏杆遮挡的部分没有纳入计算的范围,会对整体的结果有较大的影响。同时将空调外机遮挡的部分也做了简化处理,有一定的误差存在。

3. 外窗窗口气密性能检测误差分析

(1) 宿舍条件受限:阳台门两侧墙壁构造不对称,导致在安装可变铝框架时,框架与阳台门不平行,只能采用粘贴胶带的方式尽量减少漏风;检测前,内外压差始终达不到 150 Pa,最多也只能达到 80 Pa,漏气情况无法避免,因此造成误差。

(2) 天气条件受限:实验快结束时室外风速大于 3.3 m/s,造成误差。

(3) 实验条件受限:3 次记录数据时设定的压差值相差不大,导致拟合出的图像近似一直线,不够客观和全面。

8.7 其他案例简介

与本实验项目相关的其他测试内容如表 8-11 所示。

表 8-11 其他测试

序号	题目	简介
1	与热管结合的围护结构传热实验探究	测试结合 L 形平板热管的围护结构在不同工况下的传热性能,探究热管与建筑围护结构结合的效果,从蓄热、放热、保温等角度认识围护结构在营造室内热环境过程中的重要作用
2	光热光电热管房的热电特性实验探究	测试光伏电池板在不同温度及太阳辐射强度下的发电功率,比较分析实验组(基于 L 形平板重力热管和光电板的光热光电热管房)和对照组(普通砖墙房)的室内空气温度、墙体壁面温度、发电量,对比其热效率和电效率
3	热二极管应用于围护结构的性能探究及潜力分析	学习掌握基本传热量测试方法;分析动态可切换围护结构对建筑冷热负荷的影响。具体内容如下:对热二极管正反向性能进行基本测试;对可切换围护结构进行文献阅读与整理,并对热二极管应用于围护结构的性能及潜力进行分析

第9章 建筑室外环境测试设计与案例

9.1 实验目的

(1) 了解建筑室外环境影响因素,以及城市微气候。
(2) 熟悉建筑室外环境相关参数测试所需设备和仪器。
(3) 掌握建筑室外环境相关参数的测试方法和评价方法。

9.2 实验测试内容

一个地区的气候与建筑外部环境是在许多因素的综合作用下形成的。与建筑环境密切相关的外部环境要素主要有太阳辐射、气温、湿度、风、降水、天空辐射、土壤温度等。本实验中室外环境测试参数包括空气温度和湿度、风速和风向、太阳辐照度、降水、大气压等,并依据《居住建筑节能检测标准》JGJ/T 132 进行现场测试。

9.3 实验测试仪器

本实验所需要的主要测试仪器包括温湿度计、风速仪、太阳辐射表和大气压力表等,具体要求如表9-1所示。

表9-1 室外环境测试所需仪器要求

测量参数	测试仪器	量程	测试精度
空气温湿度	手持式温湿度计/温湿度自记仪	−10～50℃	±0.5℃ 热响应时间不应大于 90 s
风速	万向风速仪	0.05～30 m/s	0.01 m/s
太阳辐照度	太阳辐射表	—	≤±5%
大气压力	大气压力表	800～1 060 hPa	2 hPa

9.4 实验测试方法及注意事项

9.4.1 空气温湿度测试方法及注意事项

1. 测试方法

(1) 采用百叶箱法测试大气温湿度时,应放置在距离建筑物 5~10 m 范围内。

(2) 当无百叶箱时,室外空气温湿度传感器应设置防辐射罩,安装位置距外墙外表面宜大于 200 mm,且宜在建筑物两个不同方向同时设置测点。

(3) 超过 10 层的建筑,宜在屋顶加设 1~2 个测点。

(4) 温湿度传感器距地面的高度宜在 1 500~2 000 mm 范围内,且应避免阳光直接照射和室外固有冷热源的影响。温湿度传感器的环境适应时间不应少于 30 min。

2. 注意事项

(1) 观测时,必须保持视线和水银柱顶端齐平,以避免视差。

(2) 读数动作要迅速,力求敏捷,不要对着温湿度表呼吸,尽量缩短停留时间,并且勿使头、手和灯接近球部,以避免影响温湿度示度。

(3) 注意复读,以避免发生误读或颠倒零上、零下的差错。

9.4.2 风速风向测试方法及注意事项

1. 测试方法

现场实测应结合当地地形条件和气象条件等,选择典型工况。

(1) 应根据气象统计资料选择主导风向或不利风向大风出现频次较高时段进行现场测试;每天的测试应连续进行,测试应每 3~5 min 记录一次风向、瞬时最大风速和平均风速。

(2) 风环境现场实测仪器应能同时测量风速和风向。

(3) 风环境现场实测测点布置原则:测点高度应为地面或活动平台 1.5 m 高度处;根据风洞试验或数值模拟结果布置典型测点或关键测点;测点数量根据测试区域面积合理确定。

2. 注意事项

(1) 风环境现场实测应选定主导风向区域:尽量选取外围上游开阔测试区域(阻挡较少区域),以测试主导风向风速;主要活动区域:建筑周围地面道路、主要出入口、室外活动区和楼面、屋面等设有露天活动场地的人可涉足区域。最不利区域:无风区(死角)和涡旋区;其他区域:有特殊要求的区域,如污染物或热源排放区和通风区。

(2) 现场实测的参考风速应采用实测相同时刻气象台的风速资料。

(3) 当使用热电风速仪检测时,侧头上的小红点应迎风向。

9.4.3 辐照度测试方法及注意事项

1. 测试方法

(1) 水平面太阳辐照度应采用天空辐射表逐时检测和记录。在日照时间内,应根据需要在当地太阳时正点进行检测。

(2) 水平面太阳辐照度的检测场地应选择在没有显著倾斜的平坦处,东、南、西三面及北回归线以南的检测地点的北面离开障碍物的距离,宜为障碍物高度的10倍以上。在检测场地范围内,应避免有吸收或反射能力较强的材料存在。

2. 注意事项

(1) 天空辐射表的时间常数应小于5 s,分辨率和非线性误差应小于1%。

(2) 天空辐射表的玻璃罩应保持清洁和干燥,引线柱应避免太阳光的直射。

(3) 天空辐射表的环境适应时间不应少于30 min。

9.5 实验数据记录与处理

9.5.1 实验数据记录

实验数据记录表见表9-2。

表9-2 实验数据记录表

测量地点				测量日期	
				测量时间	
测点布置					
仪器名称				仪器编号	
测点位置	参数	单位	实测数据		平均值
1					
2					
3					
……					

9.5.2 实验数据处理

1. 空气温度和湿度

室外空气温湿度逐时值应取所有测点相应时刻检测结果的平均值。

2. 风速和风向

当工作高度和室外风速测点位置的高度不一致时,应按式(9-1)进行修正。

$$V = V_0 \left[0.85 + 0.065\,3 \left(\frac{H}{H_0}\right) - 0.000\,7 \left(\frac{H}{H_0}\right)^2 \right] \quad (9\text{-}1)$$

式中,V——工作高度(H)处的室外风速(m/s);

V_0——室外风速测点布置高度(H_0)处的室外风速(m/s);

H——工作高度(m);

H_0——室外风速测点布置的高度(m)。

9.6 典型案例分析

9.6.1 实验目的

本案例通过现场测试,让学生了解建筑室外环境评价指标及测试方法,掌握不同因素之间的相互影响规律。

9.6.2 实验方案

1. 测试内容及安排

近几年来,人们对大气环境认知度不断提高,校园内的空气质量也逐步得到重视,一些粒径细小的颗粒物不仅会污染大气导致能见度变低,而且严重威胁学生身体健康,影响学生的户外生活与学习环境。大气颗粒物浓度是目前评价大气质量的主要依据之一。因此,本次实验除测试室外温湿度、风速、太阳辐照度外,还测试了室外$PM_{2.5}$和PM_{10}浓度。

本次实验主要选取学校内人员活动较为频繁的三个区域(某学院楼周围、某宿舍楼周围、某体育馆周围)进行建筑室外环境的测量。建筑室外环境测试内容包括温湿度、风速、$PM_{2.5}$、PM_{10}等。

具体测量方法:在同一天内,从9:00到19:00对图9-1中所标记的测点进行建筑室外环境的测量,频率为每小时测量1次,并记录下数据(包括温湿度、风速、$PM_{2.5}$、PM_{10})。对于太阳辐射强度的测量,选取阴、晴两天分别进行,从8:00到18:00,每小时进行1次测量,并与气象站的数据进行比较。

2. 测点布置

测点布置示意图如图 9-1 所示。

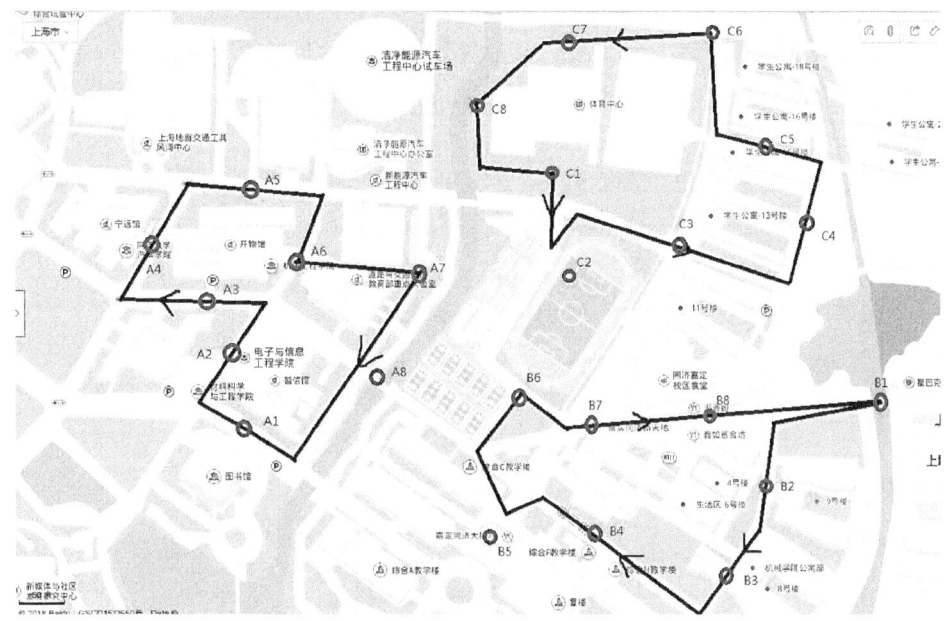

图 9-1　校园测点布置示意图

3. 实验仪器与设备

本次实验采用 CEM 华盛昌 $PM_{2.5}/PM_{10}$ 空气质量粉尘颗粒物检测仪、testo410-2 风速仪及 TBQ-DL 太阳辐射电流表。

4. 测试任务及分工

测试任务及分工见表 9-3。

表 9-3　测试任务及分工

测试地点	测试内容	仪器	负责人
某学院楼周围 A1—A8	温湿度、风速、$PM_{2.5}$、PM_{10}	CEM 华盛昌 $PM_{2.5}/PM_{10}$ 空气质量粉尘颗粒物检测仪,德图 testo410-2 风速仪	×××
某食堂周围 B1—B8	温湿度、风速、$PM_{2.5}$、PM_{10}		×××
某宿舍楼周围 C1—C8	温湿度、风速、$PM_{2.5}$、PM_{10}		×××
某学院楼顶	太阳辐射照度	TBQ-DL 太阳辐射电流表	×××

5. 现场测试

空气温湿度、$PM_{2.5}$和PM_{10}可采用空气质量粉尘颗粒物检测仪同时测得。在每个测点处，打开采样口，长按开机按键开机，直至液晶显示打开，仪表开机，在开机状态下，按下 start/enter 键开始测量 $PM_{2.5}$ 和 PM_{10}，液晶显示屏的右上角显示"counting"，主显示行显示 $PM_{2.5}$ 和 PM_{10} 的数据，温湿度的数据显示在显示屏的下方。待 30 s 时间稳定后，读数并记录。

风速、风向测量时，在每个测点处，按开机键打开仪器，开启屏幕背光灯，设置风速参数，将叶轮对准来流方向，待一段时间稳定后，数次按 mode 键，直至 avg 和 hold 显示出来，此时屏幕显示均值计算的最终值。

水平面太阳辐照度应采用天空辐射表逐时检测和记录。

9.6.3 实验数据分析

1. 现场测试数据

太阳辐照度数据见表 9-4。

表 9-4 太阳辐照度测试数据

天气	晴		阴	
时间	仪表读数	气象站读数	仪表读数	气象站读数
8:00	1.09	0.87	0.19	1.10
9:00	1.24	0.87	2.02	1.80
10:00	1.35	1.34	2.86	2.51
11:00	1.39	1.80	8.83	7.42
12:00	1.20	1.57	1.17	10.69
13:00	0.75	1.57	0.32	2.04
14:00	0.59	1.10	0.38	2.27
15:00	0.29	1.34	0.35	1.10
16:00	0.07	1.34	0.04	1.34
17:00	0	1.34	0	1.34
18:00	0	1.34	0	1.80

各测试区的温湿度、风速、$PM_{2.5}$ 和 PM_{10} 浓度测试数据见表 9-5～表 9-7。

表9-5 A区温湿度、风速、$PM_{2.5}$ 和 PM_{10} 浓度测试数据

测点	A1					A2					A3					A4				
时间	温度(℃)	湿度(%)	风速(m/s)	$PM_{2.5}$(μg/m³)	PM_{10}(μg/m³)	温度(℃)	湿度(%)	风速(m/s)	$PM_{2.5}$(μg/m³)	PM_{10}(μg/m³)	温度(℃)	湿度(%)	风速(m/s)	$PM_{2.5}$(μg/m³)	PM_{10}(μg/m³)	温度(℃)	湿度(%)	风速(m/s)	$PM_{2.5}$(μg/m³)	PM_{10}(μg/m³)
8:00—9:00	5.0	74.8	1.0	30	54	5.3	77.1	0.6	32	54	5.5	75.1	2.5	38	64	5.6	74.6	1.2	30	51
9:00—10:00	8.3	69.5	2.2	26	44	7.7	71.2	0.5	28	49	10.5	65.0	1.5	28	47	8.3	69.7	0.5	28	49
10:00—11:00	4.9	83.1	0.9	54	92	4.9	83.9	4.4	30	50	6.8	91.9	0.6	22	40	6.0	91.4	0.7	30	51
11:00—12:00	5.0	80.0	2.6	32	54	4.8	80.0	1.2	28	47	7.3	73.7	1.4	32	55	6.1	76.9	0.7	34	58
12:00—13:00	7.0	73.9	2.3	20	37	6.3	76.8	1.2	20	36	8.8	71.6	0.8	20	33	7.0	74.4	0.7	18	34
13:00—14:00	5.0	80.0	2.0	20	36	5.3	81.3	1.7	22	38	7.2	76.1	0.6	24	44	6.4	78.3	0.5	20	36
14:00—15:00	5.3	80.8	1.2	22	40	5.3	80.9	0.8	28	50	7.7	76.8	0.5	24	42	6.0	80.0	1.0	24	42
15:00—16:00	6.4	81.7	2.1	28	49	5.9	83.9	0.7	26	45	8.1	77.6	1.8	26	45	7.4	81.1	0.5	26	44
16:00—17:00	4.8	83.4	3.4	24	40	4.6	83.0	1.8	24	42	8.3	88.0	0.4	28	51	7.4	84.6	1.0	28	47
17:00—18:00	5.4	86.4	2.1	20	38	5.4	85.9	1.4	30	51	7.6	85.0	0.5	22	37	5.6	84.0	0.6	24	42

测点	A5					A6					A7					A8				
时间	温度(℃)	湿度(%)	风速(m/s)	$PM_{2.5}$(μg/m³)	PM_{10}(μg/m³)	温度(℃)	湿度(%)	风速(m/s)	$PM_{2.5}$(μg/m³)	PM_{10}(μg/m³)	温度(℃)	湿度(%)	风速(m/s)	$PM_{2.5}$(μg/m³)	PM_{10}(μg/m³)	温度(℃)	湿度(%)	风速(m/s)	$PM_{2.5}$(μg/m³)	PM_{10}(μg/m³)
8:00—9:00	7.9	68.5	2.8	28	46	7.7	70.6	2.2	28	50	8.4	67.9	1.6	28	46	6.2	71.1	1.4	34	55
9:00—10:00	7.1	74.1	1.0	30	51	6.8	75.0	0.6	28	50	6.8	75.3	1.2	30	53	7.9	70.6	1.2	26	45
10:00—11:00	5.5	86.7	0.6	28	49	5.4	87.4	1.0	35	51	5.2	85.2	1.4	30	50	5.1	87.5	0.4	30	51
11:00—12:00	5.8	78.6	1.0	30	51	5.7	79.0	1.3	32	55	5.3	78.4	2.3	32	54	5.0	79.8	1.3	34	58
12:00—13:00	6.3	76.0	1.5	22	41	5.5	77.3	2.1	18	31	5.8	78.3	0.6	22	38	6.6	76.9	1.3	18	36
13:00—14:00	6.0	78.9	1.3	18	32	5.5	79.8	1.6	22	40	5.5	81.3	1.9	24	41	5.5	80.8	2.2	24	44
14:00—15:00	5.2	78.6	1.3	24	51	6.1	81.0	0.9	22	40	5.2	79.6	1.7	26	47	5.2	81.0	1.2	22	41
15:00—16:00	6.3	80.4	1.3	24	44	5.7	81.0	0.6	28	49	5.6	81.6	1.9	28	47	6.7	81.5	1.4	26	45
16:00—17:00	5.8	84.0	0.7	24	44	5.8	80.3	0.5	20	34	5.3	81.1	1.7	28	47	5.8	86.1	0.1	22	42
17:00—18:00	5.1	86.6	1.1	20	33	5.2	84.3	0.7	20	34	5.7	81.3	1.1	20	32	5.3	82.8	1.5	24	44

表 9-6 B 区温湿度、风速、$PM_{2.5}$ 和 PM_{10} 浓度测试数据

测点时间	B1 温度(℃)	B1 湿度(%)	B1 风速(m/s)	B1 $PM_{2.5}$(μg/m³)	B1 PM_{10}(μg/m³)	B2 温度(℃)	B2 湿度(%)	B2 风速(m/s)	B2 $PM_{2.5}$(μg/m³)	B2 PM_{10}(μg/m³)	B3 温度(℃)	B3 湿度(%)	B3 风速(m/s)	B3 $PM_{2.5}$(μg/m³)	B3 PM_{10}(μg/m³)	B4 温度(℃)	B4 湿度(%)	B4 风速(m/s)	B4 $PM_{2.5}$(μg/m³)	B4 PM_{10}(μg/m³)
8:00	5.8	54.0	0.8	16	30	6.3	66.3	0.6	21	36	4.8	69.6	0.8	20	35	4.2	73.6	0.8	31	53
9:00	5.1	63.9	1.3	23	41	7.2	65.7	0.5	24	45	6.1	63.3	0.5	26	47	6.6	66.1	0.7	25	43
10:00	9.4	57.4	0.5	20	37	9.1	64.0	0.6	23	40	8.2	58.7	0.6	24	44	5.4	62.7	1.0	25	43
11:00	7.9	52.7	1.1	13	26	6.4	75.4	0.7	14	27	5.6	67.4	0.7	18	33	4.3	73.8	1.2	24	44
12:00	6.0	66.2	0.9	13	20	6.8	68.1	1.1	20	35	5.3	70.0	2.0	21	38	5.5	70.0	0.7	15	27
13:00	6.5	56.3	1.1	16	31	5.3	69.1	1.7	18	34	6.6	68.9	0.6	16	32	5.0	73.5	0.4	18	33
14:00	4.8	76.5	1.6	16	29	5.5	75.5	0.6	18	33	4.6	76.0	1.2	20	36	5.4	75.6	1.1	16	30
15:00	6.2	85.8	1.3	18	32	9.7	69.9	0.0	22	38	6.0	75.1	0.8	21	37	5.9	81.8	0.7	18	34
16:00	5.2	94.9	1.2	30	51	6.9	86.6	0.0	32	76	6.1	86.1	0.6	32	68	5.3	93.3	0.7	27	49
17:00	5.1	84.9	0.4	11	19	6.9	88.1	0.4	13	25	5.4	92.6	0.6	15	29	5.2	92.9	1.0	30	64

测点时间	B5 温度(℃)	B5 湿度(%)	B5 风速(m/s)	B5 $PM_{2.5}$(μg/m³)	B5 PM_{10}(μg/m³)	B6 温度(℃)	B6 湿度(%)	B6 风速(m/s)	B6 $PM_{2.5}$(μg/m³)	B6 PM_{10}(μg/m³)	B7 温度(℃)	B7 湿度(%)	B7 风速(m/s)	B7 $PM_{2.5}$(μg/m³)	B7 PM_{10}(μg/m³)	B8 温度(℃)	B8 湿度(%)	B8 风速(m/s)	B8 $PM_{2.5}$(μg/m³)	B8 PM_{10}(μg/m³)
8:00	4.8	73.3	0.9	25	46	3.3	73.6	0.7	27	47	4.0	76.3	0.4	26	46	6.3	76.3	0.8	26	46
9:00	6.0	66.2	0.8	32	53	6.1	65.6	0.4	32	55	5.0	71.2	0.4	30	53	4.5	70.8	0.5	26	45
10:00	5.5	63.3	0.4	25	43	6.6	63.7	0.6	25	45	7.0	64.8	1.0	27	49	6.1	66.3	0.9	25	48
11:00	4.3	73.8	0.9	24	41	4.6	73.7	1.0	18	35	4.6	73.5	0.7	22	40	5.0	72.3	0.8	23	42
12:00	5.5	71.8	0.6	15	29	5.5	72.2	1.0	20	34	7.3	70.9	0.4	16	30	6.3	66.9	0.7	17	32
13:00	5.1	74.3	0.8	17	34	6.4	67.6	0.0	21	38	4.6	75.8	1.1	18	34	4.4	77.6	1.6	20	36
14:00	4.6	76.2	1.1	18	35	5.3	74.8	0.7	18	35	5.4	74.1	1.0	21	38	5.4	71.6	1.1	21	37
15:00	6.4	88.5	1.1	23	40	5.7	91.0	0.6	22	40	6.6	94.0	0.0	25	49	5.5	90.0	1.2	18	35
16:00	4.5	95.3	1.4	27	47	5.4	96.0	0.7	21	38	5.8	94.7	0.0	26	45	6.2	93.6	0.4	23	40
17:00	5.6	94.4	0.4	21	40	5.4	93.0	0.7	16	30	5.7	92.6	0.6	22	40	5.3	92.3	0.6	28	48

第 9 章 建筑室外环境测试设计与案例

表 9-7 C 区温湿度、风速、PM$_{2.5}$ 和 PM$_{10}$ 浓度测试数据

测点	C1					C2					C3					C4				
时间	温度(℃)	湿度(%)	风速(m/s)	PM$_{2.5}$(μg/m³)	PM$_{10}$(μg/m³)	温度(℃)	湿度(%)	风速(m/s)	PM$_{2.5}$(μg/m³)	PM$_{10}$(μg/m³)	温度(℃)	湿度(%)	风速(m/s)	PM$_{2.5}$(μg/m³)	PM$_{10}$(μg/m³)	温度(℃)	湿度(%)	风速(m/s)	PM$_{2.5}$(μg/m³)	PM$_{10}$(μg/m³)
8:00	3.7	61.0	2.4	13	27	3.2	64.0	1.0	18	36	2.3	63.0	1.0	18	32	2.3	72.0	0.0	20	37
9:00	4.0	55.5	1.4	18	34	3.9	59.2	0.8	15	27	3.3	60.3	0.9	15	30	3.0	65.4	0.0	15	30
10:00	3.7	66.2	1.8	23	43	3.3	66.5	1.1	18	36	3.5	65.7	1.1	18	36	3.6	70.3	0.9	23	41
11:00	3.9	68.1	2.1	18	34	3.8	69.4	2.2	20	41	4.0	67.9	1.9	20	39	4.5	68.5	0.8	20	37
12:00	4.8	63.5	1.9	15	27	4.4	63.5	1.3	15	30	3.9	63.9	2.3	13	27	5.0	67.1	0.0	7	12
13:00	5.6	66.7	1.1	15	30	5.1	67.1	0.9	13	27	4.4	67.5	1.5	15	30	5.1	69.3	0.0	20	41
14:00	5.1	66.5	1.5	18	34	4.7	69.6	1.6	18	36	4.4	68.7	2.2	15	28	5.0	70.8	0.0	20	36
15:00	5.4	67.5	1.3	15	28	5.0	69.8	2.3	18	36	4.6	70.1	2.5	18	34	5.2	72.6	0.0	18	34
16:00	5.3	76.8	1.1	13	27	4.6	75.6	1.1	20	37	4.3	75.4	1.8	13	23	4.6	76.2	0.0	13	27
17:00	5.6	68.1	0.5	7	16	4.7	67.6	1.8	5	12	4.6	69.8	1.4	13	25	5.1	72.0	0.0	10	23
测点	C5					C6					C7					C8				
8:00	1.7	67.0	0.9	15	30	2.0	63.0	1.1	26	46	2.3	65.0	0.7	15	30	1.7	63.2	1.6	18	36
9:00	2.3	61.8	0.8	20	36	2.5	61.9	0.7	13	27	2.6	61.9	0.8	18	36	2.4	63.9	1.2	18	36
10:00	3.2	65.6	1.0	20	39	3.6	65.0	0.9	18	34	3.7	64.0	2.0	18	34	3.1	65.0	1.5	23	43
11:00	4.2	68.5	0.6	20	36	4.0	66.3	2.0	10	23	4.4	65.0	1.3	10	23	4.2	66.0	1.8	20	37
12:00	4.2	66.3	1.5	10	21	5.1	66.2	0.8	18	32	5.2	64.6	1.2	13	25	4.7	66.8	0.9	7	19
13:00	4.5	69.1	1.3	13	25	4.3	63.0	2.4	10	21	4.7	66.2	1.0	15	28	4.6	66.6	1.2	15	30
14:00	4.5	68.8	2.2	18	36	4.7	72.1	1.8	18	34	5.1	70.5	0.9	18	34	4.8	69.1	1.1	18	34
15:00	5.1	72.7	1.0	15	28	5.3	72.0	0.6	15	32	5.1	70.0	1.1	18	36	4.7	69.3	1.5	15	32
16:00	4.5	77.2	0.0	13	25	4.3	76.5	1.5	13	25	4.6	70.5	0.7	13	25	4.5	67.6	1.1	13	23
17:00	4.8	73.0	0.6	10	23	4.8	73.5	1.8	15	28	4.9	75.7	0.5	10	25	4.8	74.4	1.7	13	25

2. 纵向和横向比较 $PM_{2.5}$ 和 PM_{10} 影响

对校园内不同地点与建筑物特征的温度、湿度、风向、$PM_{2.5}$ 和 PM_{10} 浓度进行了连续测试,研究了室外 $PM_{2.5}$ 和 PM_{10} 的影响因子。根据测试结果,分析出现该现象的原因。最后根据校园建筑外环境提出一些改善室外空气的措施。

本次室外环境测试,研究了校园内部的大气颗粒物的污染水平,以及颗粒物的质量浓度与各种气象条件的对应关系。

1) PM_{10} 和 $PM_{2.5}$ 的关系

因 A,B,C 三区的 $PM_{2.5}/PM_{10}$ 变化趋势几乎相同,取 A 区的日平均浓度对测点变化及 A1 测点的浓度随时间变化作图,如图 9-2 和图 9-3 所示。

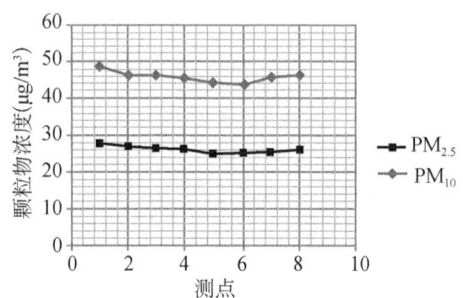

图 9-2　A 区 $PM_{2.5}/PM_{10}$ 日平均浓度变化曲线　　图 9-3　A1 测点 $PM_{2.5}/PM_{10}$ 随时间变化曲线

由图 9-2 和图 9-3 可知,PM_{10} 与 $PM_{2.5}$ 变化趋势几乎一致。以 8:00 为例,A 区 8 个测点平均 $PM_{2.5}$ 浓度为 26.05 $\mu g/m^3$,PM_{10} 浓度为 45.625 $\mu g/m^3$。纵向对比,A1 测点的日平均 $PM_{2.5}$ 浓度为 27.6 $\mu g/m^3$,PM_{10} 浓度为 48.4 $\mu g/m^3$,且 $PM_{2.5}$ 浓度约为 PM_{10} 的 0.57 倍。

2) 温湿度对颗粒物浓度的影响

从气象学角度讲,在环境相对稳定的情况下,温度和湿度的变化是相反的。当温度上升时,相对湿度减小,温度上升的幅度愈大,相对湿度减小越快。以 A5 测点一天温湿度的变化为例,如图 9-4 所示。

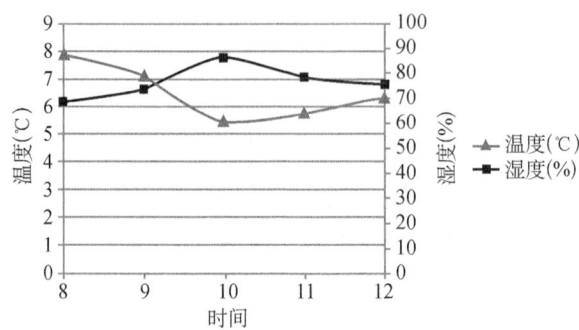

图 9-4　A5 测点温湿度变化曲线

可以看出,温湿度是成反向相关的,一天之内绝对湿度比较稳定,但是相对湿度变化较大,是由于气温的日变化引起的。因此,温湿度对颗粒物的影响是相同的,可以认为是温度先影响湿度从而再影响颗粒物浓度的变化。接下来以湿度为主要因素,分析对颗粒物浓度的变化的影响。

以 9:00 时 1—8 测点为例,研究湿度对 $PM_{2.5}/PM_{10}$ 的影响,进行横向比较,如图 9-5 所示。

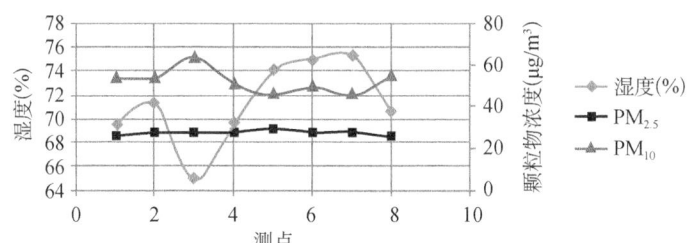

图 9-5　湿度对 $PM_{2.5}/PM_{10}$ 的影响的横向比较

$PM_{2.5}$ 的变化趋势不明显,因此以 PM_{10} 分析,可以清晰看见,15:00 时的 PM_{10} 浓度最高,达到波峰,相对湿度达到最低点,而 19:00 时的相对湿度最高峰,也恰好出现了 PM_{10} 浓度的一个最低点,整体趋势也是存在反相关的。

以 A5 测点 8:00—18:00 的测试数据为例,进行纵向比较,具体见图 9-6。

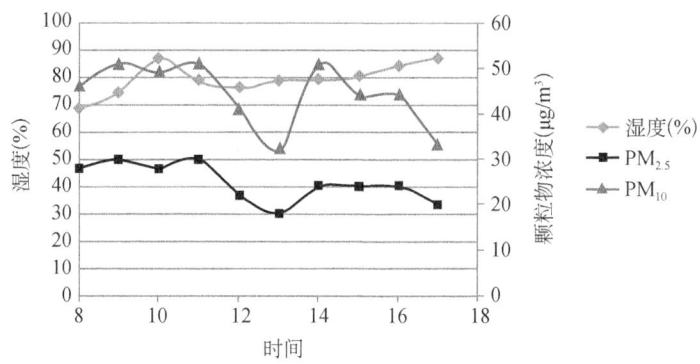

图 9-6　湿度对 $PM_{2.5}/PM_{10}$ 的影响的纵向比较

由图 9-6 可以看出,湿度与颗粒物浓度整体呈现负相关,这种现象可以用大气层结的稳定性来解释,大气层结是指温度和湿度在垂直方向的分布。大气层结的特性对于对流的发展有重要的影响,层结稳定度则表征这一影响的趋势和程度。当大气层结处于稳定状态时,污染物在大气中的扩散速率小,范围窄;当大气层结处于不稳定状态时,则出现相反的情况。因此,研究大气的稳定性对研究大气污染有着极其重要的意义。相对湿度低,空气干燥,大气稳定;而相对湿度高,大气稳定性较差,空气扩散能力好,污染物浓度低。

3)风速对颗粒物浓度的影响

以 A1、A5 测点为例,分析风速对室外颗粒物分布的影响,具体见图 9-7 和图 9-8。

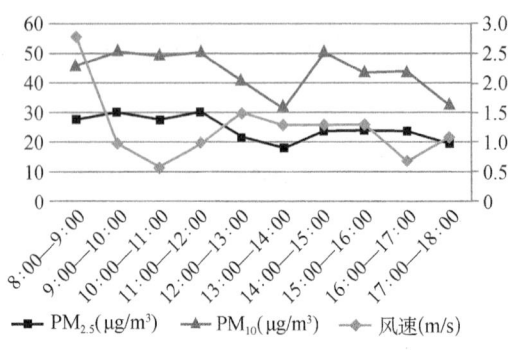
图 9-7　A5 测点处风速和颗粒物变化曲线

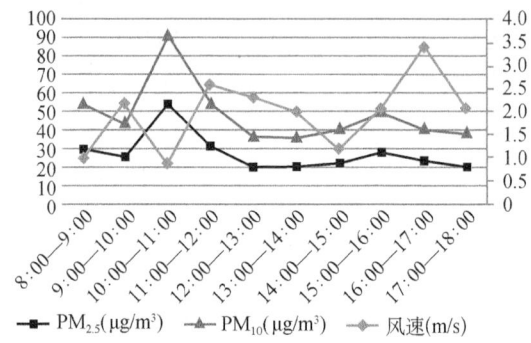
图 9-8　A1 测点处风速和颗粒物变化曲线

由图 9-7 中 A5 测点一天时间内风速与颗粒物浓度图可以看出,风速变化较为平缓。而由图 9-8 中 A1 测点的风速图可以看出,一天的风速变化波动较大,而此时湿度波动较平稳。因此,可认为风速占主导因素,且对颗粒物浓度也呈负相关。风速达到波峰时,$PM_{2.5}$ 与 PM_{10} 均达到或接近波谷;风速达到波谷时,$PM_{2.5}$ 与 PM_{10} 又逐渐上升,达到最大。

9.6.4　实验结论

1. 结论

(1) 温湿度和风速与 $PM_{2.5}/PM_{10}$ 浓度均有关系,温度影响湿度,而湿度和风速共同作用,它们均与颗粒物浓度呈负相关。

(2) 相对湿度对颗粒物浓度的影响:相对湿度低,空气干燥,大气稳定;而相对湿度高,大气稳定性较差,空气扩散能力好,颗粒物浓度低。相对湿度与颗粒物浓度呈负相关。

(3) 平均风速对颗粒物浓度的影响:风速对颗粒物的扩散有两个作用,一是风的整体输送作用,也就是颗粒物随着风整体被输送到下风方向,风速越大颗粒物也移动越快。二是风对颗粒物的稀释作用。颗粒物在被风吹走时,不断与周围空气发生混合,使颗粒物得以稀释。平均风速对颗粒物浓度的影响主要取决于输送与稀释作用的强弱。

2. 实验不足

(1) 因为采样测点过多,导致约半小时走完全程,不是严格同一时间,有误差存在。

(2) 风速在测试过程中,受时间段影响因素大,准确性可能较差。

(3) 因为在下雪天气测量,冷空气来临,伴随偏北风,会对较大颗粒物产生沉降作用,空气质量会好转,因此对风速的影响呈负相关,应再多做一组普通天气的测量。

9.7　其他案例简介

与本实验项目相关的其他测试内容如表 9-8 所示。

表 9-8 其他测试

序号	题目	简介
1	室外步行空间热环境与行人移动时的动态热感受关系的探究	探究室外步行空间中行人动态移动时热感受的动态变化以及行人周围微气候与沿途街道开阔度、绿化及遮阳状况等因素的关系。内容安排：进行步行热舒适实验与数据采集工作；关联图像数据、行人周边微气候数据及行人热感觉等数据，并挖掘潜在关系
2	探索夜间室外人员热舒适	展开气候室实验对比夜间室内外人员热舒适，主要得到自然风对热舒适的影响；展开室外调研夜间人员热舒适，主要探索心理适应因素对热舒适及热可接受度的影响。在排除辐射因素影响下得到自然风对热舒适的影响，以及心理适应因素对热可接受度的影响

参 考 文 献

[1] ASHRAE. Thermal environmental conditions for human occupancy[J]. ANSI/ASHRAE Standard 55-2017, 2017.

[2] 黄建华,张慧. 人与热环境[M]. 北京:科学出版社,2011.

[3] ASHRAE. ASHRAE Handbook-Fundamentals[M]. Atlanta:ASHRAE Inc.,2021.

[4] 柳孝图. 建筑物理[M]. 北京:中国建筑工业出版社,2010.

[5] 李念平. 建筑环境学[M]. 北京:化学工业出版社,2010.

[6] 黄晨. 建筑环境学[M]. 北京:机械工业出版社,2016.

[7] 毛东兴,洪宗辉. 环境噪声控制工程[M]. 北京:高等教育出版社,2010.

[8] 杨春宇,唐鸣放,谢辉. 建筑物理(图解版)[M]. 北京:中国建筑工业出版社,2020.

[9] 邵开忠,彭辉,刘杰. 室内噪声标准理解与应用[C]. 中国环境科学学会2006年学术年会优秀论文集(中卷),2006.

[10] 刘君侠. 室内声环境评价指标研究[J]. 江汉大学学报(自然科学版),2010(4):49-53.

[11] ISO 16814-2008, Building environment design-Indoor air quality-Methods of expressing the quality of indoor air for human occupancy[S].

[12] 陆耀庆. 实用供热空调设计手册[M]. 2版. 北京:中国建筑工业出版社,2008.

[13] 朱颖心. 建筑环境学[M]. 北京:中国建筑工业出版社,2005.

[14] 李小松,丁跃浇,周勇,等. 地方高校机电类专业虚拟仿真实验教学中心建设与实践[J]. 实验室科学,2019,12(6):144-150.

[15] 赖燕玲. 加强实验室建设与管理,提高学科建设水平[J]. 实验技术与管理,2012,29(6):27-30.

[16] 翟明,姜宝成,宋彦萍,等. 基于虚拟仿真平台的能源动力类本、研一体化实验教学与管理实践[J]. 实验室研究与探索,2020,39(5):187-191.